送給孩子的
第一件媽媽牌禮物

——41款100%有機棉衣物
（附速成DIY教學DVD）

金福姬 編著

DIY 送給孩子的第一件媽媽牌禮物
No 006

作　　者：金福姬
總 編 輯：吳淑芬
主　　編：張愛玲
封面設計：曹瑩
法律顧問：徐立信、朱應翔
出版發行：和平國際文化有限公司
　　　　　235新北市中和區中山路二段350號5樓
電　　話：886-2-2226-3070
傳　　真：886-2-2226-0198
總 經 銷：昶景國際文化有限公司
　　　　　236 新北市土城區民族街11號3樓
電　　話：886-2-2269-6367
傳　　真：886-2-2269-0299
E - m a i l：service@168books.com.tw
初版一刷：2013年01月
歡迎優秀出版社加入總經銷行列

香港總經銷：和平圖書有限公司
　　　　　　地址：香港柴灣嘉業街12號百樂門大廈17樓
　　　　　　電話：852-2804-6687　傳真：852-2804-6409

星馬地区总代理　诺文文化事业私人有限公司
新加坡　Novum Organum Publishing House Pte Ltd. 20.Old Toh Tuck Road,Singapore 597655.
　　　　TEL：65-6462-6141 FAX：65-6469-4043
马来西亚　Novum Organum Publishing House (M) Sdn. Bhd. No.8, Jalan 7／118B,Desa Tun
　　　　Razak,56000 Kuala Lumpur, Malaysia
　　　　TEL：603-9179-6333 FAX：603-9179-6060

送給孩子的第一件媽媽牌禮物 /金福姬 作. -- 初
版. -- 新北市：和平國際文化, 2013.01
　　面；　公分
ISBN 978-986-5894-00-9 (平裝附數位影音光碟)
1. 手工藝
426.7　　　　　　　　　　　101019183

作者自序

我是一個平凡的媽媽，我有兩個兒子。自以為是「青少年」的大兒子11歲，小兒子則剛滿周歲。和孩子們一路走來，也曾為細碎的事情鬧過彆扭，為如何教養他們苦惱。回首這段日子，雖然不能說一味地為他們付出，卻在教他們如何成長、如何生活方面花費了不少心思。儘管如此，我想，我最終還是跟其他的媽媽沒有什麼差別，還是擺脫不了「普通媽媽」這個字眼。

面對孩子時，我最引以為傲的是手工針線。現在，這已經成為我的職業而非專長。然而我還清楚地記得，那個時候的大兒子，曾經用充滿好奇的眼光欣賞我為他所縫製的一切，曾經因為我為他做的一件小衣服而在同伴面前得意洋洋。

我能為我的孩子做些什麼？

那時候大兒子幾乎天天和華德福娃娃生活在一起。看他喜歡，所以我就為他做了一些娃娃，還幫他做了一些簡單的衣服。在那些衣服中，他最喜歡那套夏季睡衣褲。

現在小兒子生活在有機棉的世界裡。剛開始的時候，因為大家都說有機的東西好，所以就給他做有機的。隨後，我和兒子在使用有機棉的過程中，發現了它的更多好處，所以就對有機棉更是情有獨鍾。現在我們不光對衣物的選用很小心，就連對食品和日用品的選擇也變得更為慎重。

親手做一做！

出版一本這樣的書，介紹我和小兒子一起使用的有機棉製品，這讓我感觸良多。書中的各種作品都是以我與小兒子的經驗為基礎製成的。天下所有媽媽的心情都是差不多的，我希望這本書能對媽媽們有所幫助。使用有益健康的有機產品，並在使用的過程中，透過自己的行動向孩子灌輸「保護環境，從我做起」的理念，其實是一舉兩得。

我的著作感言

我要感謝總是在旁邊不惜厲言指點的丈夫，感謝活脫脫一個模子裡刻出來的兒子閔協和閔厚，感謝跟我一起做針線，並給我很多幫助的李善情老師、金恩雅老師，還要感謝給我針線方面天分的父母。最後，為了感謝這本書能順利出版，Turning Point 給我很大的支持，並付出艱辛的努力，在此，我要向他們獻上最誠摯的謝意。

送給孩子的
第一件媽媽牌禮物
——41款100%有機棉衣物
（附速成DIY教學DVD）

Contents

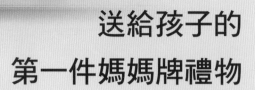

200%充分利用DVD教學影片

200%充分利用有機棉製作的DIY

愛的序言——
說說有機棉

Part 2 | 有機棉針線基礎

Part 3 | 母愛綿綿的有機製作第一站

Contents

Part 4　母愛濃濃的產前催生物品DIY

Part5

在有機的世界裡快樂遊戲

Part6

我們的有機家庭

送給孩子的
第一件媽媽牌禮物

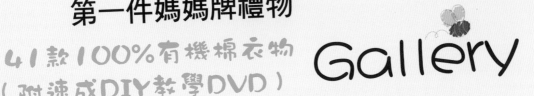

—— 41款100%有機棉衣物
（附速成DIY教學DVD）

Gallery

 DVD 影片觀看指南

送給孩子的第一件媽媽牌禮物
41款100%有機棉衣物

1. 說說有機棉

2. 有機棉針線基礎

3. 有機衣物的製作

說說有機棉

簡單對綠色有機棉花進行說明。

有機棉針線基本技法

帶你了解製作針線作品時所需要的基礎技法。

製作有機棉製品

透過影片講解,詳細地展示作品的製作過程,幫助你掌握有機棉針線的基本技法和實戰技巧,可以選擇性地觀看。

在電視機上看附贈DVD光碟的方法

用電腦觀看時,可用滑鼠操作。用電視機觀看時,可用遙控器來選擇功能表。把DVD光碟放入與電視機連接的DVD機中,上圖所示畫面便會跳出。可按遙控器方向鍵盤和ENTER鍵向子功能表移動。

・從功能表中選擇要觀看的影片:用←、→、↑、↓選出要觀看的影片後按ENTER(或「確認」)鍵。

・看影片過程中返回功能表:按「功能表」鍵。

・從子功能表回到母功能表:按選擇按鍵後,按ENTER(或「確認」)鍵。

・停止觀看:STOP

有機棉影片DVD 目錄

● 說說有機棉

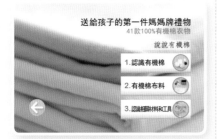

1│認識有機棉

對「有機棉是什麼樣的布料？」「它是如何生產出來的？」等進行講解。

2│有機棉布料

解釋說明有機棉的種類。

3│認識有關材料和工具

講解有機棉手工製作時需要準備的物品。

● 有機棉針線基本技法

1│有機製作的基礎
1.製作實物圖樣
2.畫圖樣與裁剪
3.翻面、做牙口、填充棉花
4.貼布
5.滾邊
6.釘暗扣

2│手工針線基礎
1.穿線與打結
2.假縫
3.平針縫
4.回針縫
5.藏針縫
6.貼布縫
7.壓線縫
8.打結

3│刺繡基礎
1.輪廓繡
2.平針繡
3.回針繡
4.點繡
5.緞紋繡
6.菊花繡

● 製作有機棉製品

1│寶寶繡花手套

2│可愛的繡花小和服

3│漂亮小包被

4│人見人愛的寶寶天使帽

5│噹啷噹啷的木熊小搖鈴

6│寶寶安睡小羊枕

7│舒適輕便的寶寶小羊套鞋

8│必不可少的彩條口水巾

9│綠色棉布衛生棉

DVD 光碟使用時 注意事項

1. 如果電腦上沒有設置DVD播放功能，本書提供的DVD將無法正常打開。當電腦顯示DVD瀏覽器設置不正常時，請確認電腦上有無安裝DVD瀏覽軟體。如果未安裝，則用購機時或購買DVD播放軟體時賣方提供的CD安裝DVD播放軟體。

2 連接電視的DVD播放器，有的機種可能無法正常播放本影片。

3. 本DVD在使用過程中，如果有任何問題，可諮詢www.diytp.com或去搜尋名為「幸福的愛好」個人主頁（http：//cafe.naver.com），我們將盡力為你提供幫助。

用有機棉製作的DIY
200%充分利用

① 要製作的DIY作品：要製作的作品（成品）照片，這裡蘊含著媽媽時時刻刻為寶寶著想的心。

② DVD教學影片：光碟中有長達3個小時的講解。此光碟可在電腦上觀看，也可透過DVD機在電視上觀看。透過觀看影片，讀者能更容易地理解相關內容。

③ 裁剪預覽：展示布料，依圖樣裁剪後的樣子。

④ 預計花費時間：除了裁剪時間之外的縫製時間。

作品尺寸：按照「長×寬」介紹尺寸，有時也按照年齡進行說明。

⑤ 準備材料：介紹作品製作時所需要的主材料和輔材料。

⑥ 製作階段：把整個製作過程細分為幾個階段。

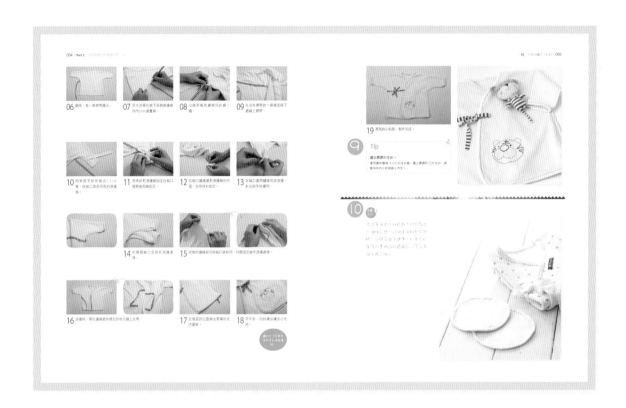

⑦ 詳細製作步驟：詳細、親切地進行介紹，以便讀者能輕鬆掌握製作方法。

⑧ 實物圖案：提示實物圖案收錄在書中什麼地方。如在正文部分，會提示頁碼；如在實物圖樣集中則標明編號。

⑨ Tip：介紹作者在長期的手工縫製過程中所累積的經驗與竅門。

⑩ 注意事項：介紹更多的作品，幫助讀者舉一反三。

透過網路提供更多服務

如對本書內容有任何疑問，可透過www.whaus.co.kr、www.diytp.com、http：//cafe.naver.com進行查詢。我們將透過網站或主頁提供所需的資料或資訊。

 秀一下「自己的作品」

如果讀者看了本書後，自己做出了作品，請向更多的朋友介紹作品的製作過程、製作花絮、製成作品以及作者的最新創意等等。在www.diytp.com上，可以跟其他讀者分享資訊。我們將定期選出優秀會員並予以獎勵。

愛的序言
說說有機棉

以前，我叫別人「媽媽」，

現在，有人叫我「媽媽」。

我是個永不知足的人。

瀏覽朋友的網誌時，記得她說：

「我願意親手為我的寶貝創造更多更美好的東西」。

我也要積極的向她看齊。

什麼是有機棉?

　　世界上的服裝有一半是棉製品。如今,在人們以前並不太關心的服裝製品領域,一場有機棉革命正在悄然興起。它的宣導者是那些想要尋找乾淨、整潔的生活方式的人們。

　　美國的一項研究報告指出:製造一件T恤所需的棉花,在其種植的過程中所使用的化學肥料量達17湯勺之多。這僅指棉花的種植過程。一般情況下,從一團棉花到一件T恤,其間要經過好幾間工廠,要跟數不清的化學藥品做「親密接觸」。

　　有機棉則不然。它選用三年以上未使用過農藥和化學材料的健康土壤裡種植出的棉花。而且在種植過程中,只使用堆肥之類的有機肥,農藥、殺蟲劑、殺菌劑、枯葉劑等對身體與環境有害的藥品則一概不用。用人工除草代替除草劑,用害蟲的天敵代替殺蟲劑,耐心地等待葉子自然枯萎而不用枯葉劑。

　　同樣,在加工過程中,有機棉拒絕使用化學漿料、氯素漂白劑、螢光著色劑、防縮加工柔軟劑、甲醛之類的化學染料、防腐劑、定型劑,是採用100%的親環境方式製作而成的。

有機棉的認證標準

在健康的土壤中播下棉花種子，等待發芽，直到它的葉子自然掉光後才能採摘。總之，想要得到有機棉，我們需要經歷一個耐心的、小心翼翼的過程。

「怎樣才能成為有機棉」，為了解答這一問題，我們需要了解有機棉的國際認證體系和這一體系的發展過程。進入21世紀以來，隨著有機棉的需求量逐年增長，世界各國的有機協會認為，我們需要一個國際標準，以保證有機棉事業的持續發展，並對有機棉的品質可信度進行認證。於是，為了指定國際有機纖維的流通和貿易標準，以歐洲議會的有機認證法EEC2092/91、美國農業部的USDA-NOP（National Organic Program）為中心，諸如德國的IVN、美國的OTA（Organic Trade Association）、英國的Soil Association、日本的JOCA等各國有機農協會應運而生。2005年，有機纖維的國際認證標準出。其中，正式的國際認證標準的名稱是GOTS（Global Organic Textile Standard）和OES（Organic Exchange Standard）。

瑞士的IMO和荷蘭的 ControlUnion Group（Skal international）被授權根據認證標準進行檢查簽定。目前，IMO和CG（更多的人稱其為SKAL）是最嚴肅、最權威的認證機構，可信度很高。這兩個機構根據GOTS或OES標準，審查並核發「有機棉」認證書。GOTS主要用於歐洲市場，這一標準規定，不僅要檢查皮棉，還要調查相對的土壤、生產、製造、流通過程是否綠色環保，審查相對的企業是否透過履行公平交易原則給生產者帶來一定的經濟效益等。最有趣的是，GOTS認證審查時，對生絲／布料工廠的洗手間也不放過。與GOTS相比，OES標準比較寬鬆，多用於美國市場。

為什麼要用有機棉？

在嬰幼兒服裝的選用方面，一味追求昂貴名牌的時代正在離我們遠去。如今，人們提倡有益於身心健康的理性消費。換句話說，人們的消費形態正經歷著由「豐足時代」向「必需時代」做轉變。人們不再擔心能否過得好，而是開始關心如何才能過得更好。

棉花是大自然送給人類最好的禮物之一。更早時，發燒友選擇有機棉主要是為了「我與家人的健康」。但是，現在選擇有機棉不再僅是為了「我與家人」，而是為了從更深的層面上關照他人與自然。我們應該從身邊的小事情做起，盡一份作為地球守衛者的責任。有機棉的使用是我們共建綠色家園，與自然和諧共生之路。

有機棉意味著「安全」，因為在棉花種植過程中，不使用化學肥料與有害農藥，並在加工製造過程中，對化學藥品的使用嚴格的限制。

有機棉意味著「生命」，它不會汙染天空、大地、水等地球上的一切。它是「生命」，能拯救罹患重疾的地球。

有機棉意味著「自然」。有機棉以有機農業為中心，順應自然之理，讓我們回歸自然。

有機棉以「生命」為本，順「自然」之理，為我們帶來「安全」的溫暖。現代社會，人們一不小心就會招致各種的危險，從這一點來說，使用有機棉是現代人的明智之舉。

有機棉的洗滌與護理

有機棉應該怎麼洗滌？

沒有特別的洗滌方法。用普通的洗衣機洗就可以。有機棉愈洗愈柔軟。

但是，有機棉與一般的棉纖維不同，如果洗滌溫度過高就會縮水。所以洗滌與乾燥時，溫度不能超過攝氏40度。洗後應該用兩手抖掉水分，攤平晾晒。稍微脫水後，在陽光下自然晒乾。但是，像一般的棉製品一樣，如果長時間被陽光直射會褪色，所以不能長時間晾晒。

請使用天然洗滌劑

建議使用市場上銷售的天然洗滌劑。普通的洗滌劑使用合成表面活性劑，裡面含有很多漂白劑、螢光劑、防酸劑或防腐劑等有機化合物。會使有機棉的自然色變色或褪色，還會降低纖維的堅固度。這些物質中有些有害成分，不僅對人體有害，而且對自然生態更是無益。讓衣服變得柔軟的柔軟劑也要少用。有機棉單用水洗也能達到手感柔順的效果。

有機棉的種類

1. 毛葛：適合做被子、口水巾襯布、枕頭套。愈洗感覺愈好，有點像過去做工精緻的
   細洋布。

2. 單面平紋：橫向伸縮性比較好，適合做內褲等內衣。伸縮性雖比雙面平紋差一些，
   但是便於縫製，也可用來為伸縮性好的布料滾邊。

3. 雙面平紋：橫向伸縮性好，且復原力強。是做小和服與包被的絕好材料。因手感柔
   軟，在有機棉中備受青睞。

4. 彩條雙面平紋：可以與單面平紋或雙面平紋同時使用。說有機棉不可染色是不正確
   的。在我們還對「有機棉」不甚了解的上個世紀90年代，德國已經開始依照其長
   期發展方案進行這方面的研究。根據現在的認證標準，我們可以生產出各種色彩的
   有機棉。但是因為有機棉在染色方面有嚴格的規定與限制，所以彩色有機棉多有輕
   微的褪色現象。

1　　　　　　　　　2　　　　　　　　　3　4

5. 單面毛巾布：比我們平時使用的毛巾毛圈小且更具伸縮性。手感蓬鬆柔軟，吸汗性好，建議做寶寶的包被、枕頭、玩具。

6. 雙面毛巾布：與我們平時使用的毛巾相同，幾乎沒有伸縮性，柔軟且厚實溫暖。

7. 抓毛加工布料（1, 2）：經過特殊工藝加工而製成的純棉有機製品。是做坎肩、動物玩偶等的絕佳材料。摸過它的質地，很多人都會驚嘆於它竟然是純棉的。

8. 蜜絲絨：其柔軟的質感很適合寶寶幼嫩的皮膚。因為手感特別柔軟，所以可用來製作寶寶經常把玩的娃娃，以此來培養寶寶的感性認知能力。

9. 其他緹花、染色布料：有機棉雖有彩色的，但受其認證標準方面的限制，沒有什麼特別華麗的色彩。提花等布料利用各種織造工藝，彌補了有機棉製品顏色方面的不足。

9

5　　　　　　　　　　　6　　　　　　　　　　　7　　　8

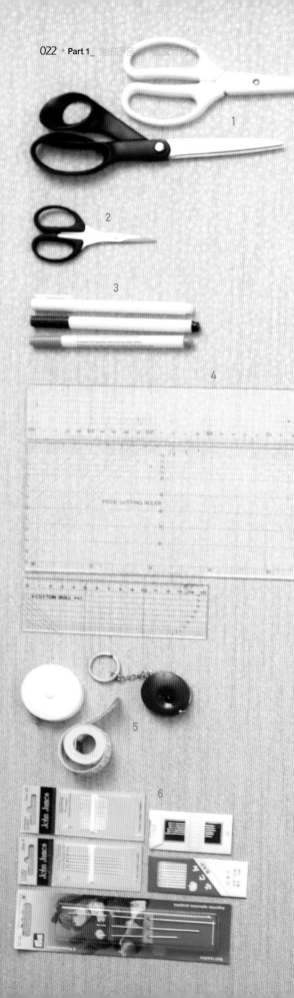

有機DIY
所需工具

1. 裁剪剪刀：剪刀與針一樣，是手工縫製時必不可缺少的重要工具。準備一把好的裁剪剪刀，你可以長期反覆使用它。裁剪剪刀除了裁剪面料外，絕對不可以做為其他的用途。

2. 線剪刀：每一次用線的同時，我們都會用到線剪刀。因為線剪刀總是被拿拿放放，所以準備一把較為輕便的線剪刀，將使我們的手工縫製工作順利進行。

3. 裁剪專用筆：在面料上繪製輪廓和縫份時，必須用到裁剪專用筆。有遇水即溶的水消筆，還有能在空氣中自行消散的氣消筆，另外還有在深色面料上使用的白色水消筆等。準備好各種用途不一的筆，我們的DIY工作將會更得心應手。

4. 縫份尺：縫份尺長度有15公分、30公分、60公分等，長度不同，用途各異。通常情況下，15公分的較為合適。但如果只準備一把的話，還是推薦各位用30公分的。

5. 捲尺：測量曲線的長度時需要捲尺，在沒有長的縫份尺的情況下，也可以拿捲尺來應急。

6. 針：從小到大的針應該一應俱全，小到手工縫製時的小針，大到繡布娃娃眼睛時用的大針。根據面料的厚度與線的粗細選擇使用不

同型號的針。

7. 線：用的面料是有機棉，與之相對應，線最好也用有機棉線或經過生態紡織品標準檢測測試的綠色生態線。

8. 珠針與珠針插：為了防止兩層布料打滑而將其固定時，嵌花時，以及進行斜裁時，最好使用珠針。珠針有細的、粗的、彎的等，可以根據用途選擇使用。

9. 拆線刀：針線初學者使用的拆線刀，可以在不傷害面料的情況下，很輕鬆的將縫錯的針腳挑起。

10. 鉗子：在把縫好的小物品進行翻面及填充棉花時，鉗子是非常必要的工具。

11. 裡料填充棒：填充大的娃娃時，裡料填充棒可助我們一臂之力。它頭部呈「凹」字狀，可以將填充物推入。如果不易購買，可以把家裡的兩根油炸筷黏在一起使用。

12. 頂針：愈是初學者，愈要選擇好幫助縫製的工具，唯有如此，縫製過程才會較順利。頂針就是這樣一個幫助縫製的工具。頂針用法多樣，其形狀和材料也是各式各樣。

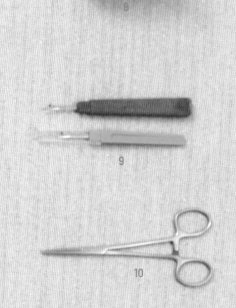

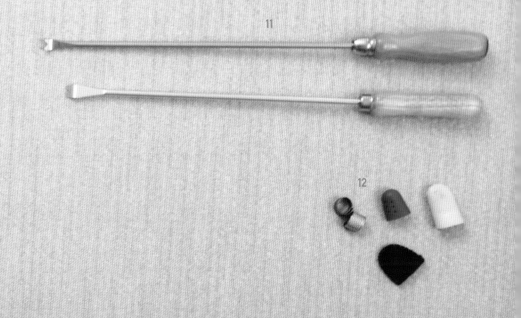

有機DIY所需輔助材料

1.拉鏈：拉鏈長度不一，可以5公分為一個單位，購買不同長度的拉鏈。製作寶寶用品時，金屬拉鏈較涼，塑膠材質的拉鏈更安全、合適。

2.搖鈴／響鼓：製作寶寶玩具時用的材料，跟填充物一起填充進去。形狀不同，聲響不一。可以多準備幾個，讓寶寶聆聽更多的聲響。

3.樂盒：可演奏催眠曲的樂盒，發條式的，無須另外準備電池。因為嬰幼兒用品須經常洗滌，所以最好有防水製品。

4.木鈴／木圈：寶寶玩具上的附屬物。寶寶喜歡吸吮、舔咬玩具，所以最好選用沒有著色的山毛櫸木或雲杉木。

5.魔鬼氈：由柔軟的一面和粗糙的一面組成。寶寶用品中雖不常用，但可用於枕頭套和口水巾等物品的製作。

6.鬆緊帶和穿線針：市面上銷售的鬆緊帶很多，也有銷售未經螢光漂白的鬆緊帶。為了和有機棉相互搭配，一條小小的鬆緊帶也要慎重選擇哦！與此同時，準備好穿線針或鬆緊帶針，就能輕鬆搞定穿鬆緊帶的任務。

7.棉繩／花邊：有機棉還沒有普及，有機棉繩子與花邊更是少之又少。只要退而求其次，建議使用未經螢光漂白的原色製品，或經過生態紡織品標準檢測測試的綠色生態製品。

8.風鈴架：做風鈴時使用。風鈴是寶寶們的必玩項目哦！

9.暗釦：有鋁與塑膠兩種。在寶寶用品上，使用塑膠暗釦，比較不會太冷。一些不起眼的小物品，同樣需要媽媽聰明選擇。

10.填充物：有機棉花、羊毛棉、新型的超細羽絨纖維等。柔軟的羽絨纖維不易變色，不易過敏，而且便於水洗，很適合用來做寶寶用品。此外，還有珍珠棉、櫻桃籽等等。寶寶玩具、枕頭等各式各樣填充物材料。

11.繡線：可用卷線或十字繡線為作品畫龍點睛。

12.填充棉／被子填充棉：做被子時用的棉花有聚酯棉、棉花棉、羊毛棉等。有的密度大、厚度薄，有的則是又鬆又軟。

13.鉤針：鉤織時使用。鉤針號數愈大愈粗。

有機棉
針線基礎

製作一個可用來存放寶寶衣服的小袋子,並在製作過程中了解「針線基礎」。
做完這一個小袋子,便能輕鬆領會本書中所有作品的製作方法。

製作實物圖樣

參照DVD教學

用厚紙製作實物圖樣

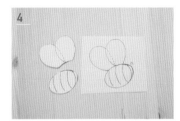

1 將書後的圖紙複印， 在影本反面塗上膠水。

2 為了正確地繪製圖樣，把圖紙影本貼到厚紙上。

3 沿著圖紙上的線將厚紙剪開。

4 製作完成。

用透明膠片製作實物圖樣

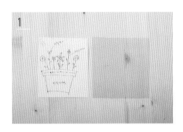

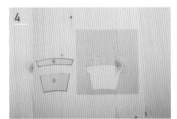

1 準備圖紙和透明膠片。

2 透明膠片蓋在圖紙上，按照圖紙在膠片上繪製圖樣。

3 按照繪製的線條把透明膠片剪開。

4 花盆部分的圖樣剪下來備用，在要繡花的地方沿線條剪出牙口。

02 畫圖樣與裁剪

參照DVD教學

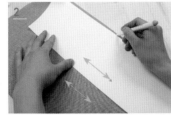

1 在布料的反面按照圖樣用水消筆劃裁剪線。

2 疊放畫線時，布料的邊幅方向應該與圖樣上標註的箭頭方向一致。

3 畫圖樣時，如要用到中線，就一定要確保圖樣以中線為中心左右對稱。

4 留出縫份（7mm），沿裁剪線用剪刀裁開。

5 如果不能留足縫份裁剪，用水消筆適當地畫出裁剪線，並沿裁剪線裁剪。一定要留一定的縫份，才能簡單、漂亮地縫製作品。

★ 確定縫份與裁剪的方法

Tip

針對不同種類的作品，適當調節縫份的尺寸。
最基本的縫份是 7mm，根據情況不同，可適當調節。貼布縫時為 3～5mm，40～50cm 的大娃娃則要留 1cm 左右的縫份為宜。

Tip

先裁出大的布片。
首先裁出大的布片。當布料不多，剛好夠用時，如果先裁小的布片，在裁大的布片時，可能會出現布料不足的情況，造成不必要的浪費。這一點要特別留意。

03 穿針

參照DVD教學

做針線從穿針開始。

將線頭剪成斜線穿針的方法。

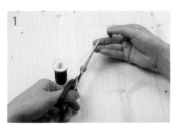

1 針眼太小，穿針不易時，可將線沿斜線方向剪開。

2 斜著剪開的線頭尖細，所以穿針時比較容易。

用針搓壓線幫助穿針的方法

當線很粗而針眼相對較小時

1 將線纏在針眼周圍。

2 拉緊線,把針纏緊。

3 用指尖把纏在針上的線壓扁。

4 把壓扁後的線穿到針上。

 **打結**

 參照DVD教學

我們往往透過結的狀態判斷縫製作品是否結實,所以打結很重要。

 針部纏線打結法

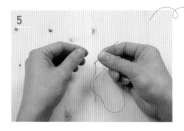

1 用左手捏針,右手捏線頭。(左撇子與此相反)

2 用針尖壓住並固定線頭。

3 用捏線的手在針尖處纏線兩圈(如想打大一點的結,則可以多纏繞幾圈)。

4 用纏線的手輕輕捏住針的前部。

5 推針,用原來捏針的手再次捏住針的前部向外拉。

6 捏針的手上會出現一個圓形的結。

7 在針上纏線的圈數不同，結的大小也不一樣。

食指打結法

1 根據要打結的大小，在食指尖部纏線兩、三圈。

2 用拇指在食指上搓一下。

3 拉線，食指上會出現一個圓形的結。

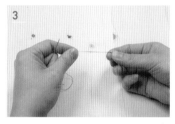

05 手工縫製

 參照DVD教學

藏結

壓線縫、藏針縫時常用的方法，可使作品看起來更加精緻。這個一定要知道哦！

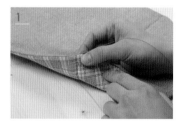

1 從離起縫處3~4cm的地方向起縫處插針，拉線。

2 將線拉緊。

3 聽到「噗」的聲響，則結被收於布下。

4 縫製結束時，也要藏結。打結後從打結處再次入針，向周圍3~4cm的地方插針，用同樣的方法把線繃緊，如聽到「噗」的聲響，表示結被收於布下。

平針縫

是手工縫製的最基本針法。針腳的疏密可根據布料厚度、作品用途而定。總之，針腳要平整、不起皺。主要用於裝飾花邊或以西式平針繡做裝飾時。

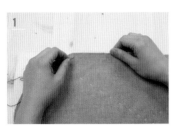

1 從布料下方入針，上方出針、抽針。

2 每個針腳5~7mm，上下縫製。

3 也可以一次縫3~4針。

4 將縫線拉直、拉平，以免起皺。

回針縫

向後回針後，再向前縫的針法。從正面看，縫線像縫紉機的縫線，持續相連沒有中斷。從反面看，縫線是重合的。是最結實、最常用的手工針法。

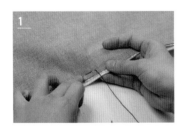
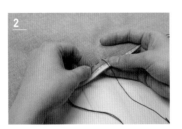
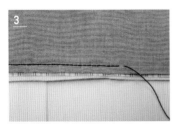

1 從布料下方入針，上方出針，向前方縫一個針腳，從布料下向前面3~5mm的地方插針，從布料上方抽針。

2 向後退3~5mm，由上向下穿針。

3 由下向上穿針，針腳與之前由下向上穿針時的針腳相同。之後，重複步驟1和步驟2即可。回針縫的針腳多為3mm~5mm，無論採用多大的針腳，都要求勻稱、一致。

藏針縫

將上下兩個布片的縫份分別摺起進行縫合的針法，其特點是針腳不外漏。滾邊、縫合返口、從外部縫合細布條時多用此針法。

1 沿下面布料縫份線橫向走一針，從上面布料縫份線的對應處入針，沿縫份線橫向走一針，再從下面布料縫份線的對應處入針，沿縫份線橫向走一針。

2 以上方法，走2~3針後抽針。

3 沿縫份線走針時，針腳為5mm。

4 用同樣的方法反覆縫製。

5 拉一下縫線，使之隱藏起來，同時可以防止起皺。

貼布縫

又叫毛邊縫，多用於固定貼布、填充棉花後臨時固定，以及防止脫線，需要鎖邊時。雖簡單，卻很常用。

1 自起縫處抽針後，從貼布向背景布走一針。

2 從背景布往3~5mm外的貼布邊緣走針。

3 重複以上步驟，把貼布邊緣貼在背景布上縫製。針腳從正面看是直線，從背面看是斜線。

假縫

可像珠針一樣，達到固定布片的作用。在用回針法縫較厚或容易拉伸的平紋布料時，由於布料易打滑，所以很難縫工整。這種情況下，先用假縫進行固定，縫起來會更加方便。另外，在固定表裡厚度不一的布片時，如果先用假縫法固定，縫起來就會得心應手。

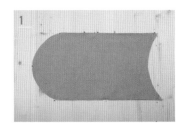

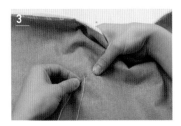

1 把邊緣部分全部用珠針固定起來。

2 線不用打結，從中間開始穿針。起縫處要留一段大約10cm的線頭。

3 外邊的針腳要小，裡邊走的針腳要大。

4 一次也可以縫2~3針。

5 尾針處也要像起縫處一樣，不用打結，留一段大約10cm的線頭。

 壓線縫（露出線頭的縫製）

針腳外露，可達到裝飾或加固邊緣的作用。多採用平針縫或回針縫的方法。

1 用縫份尺確定要壓線的位置，用水消筆在布料上繪出線跡。

2 壓線縫針腳外露，所以起縫處一定要作藏結處理。

3 沿水消筆繪出的線跡進行壓線縫。

4 尾針處也要作藏結處理。

釘暗釦

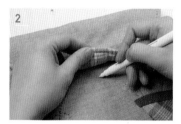

1 準備暗釦。

2 將要釘暗釦的兩部分對疊一下，用水消筆繪出釘暗釦的位置。

3 起縫，將結留在水消筆標記的正中間。

4 放上暗釦，向暗釦一邊的小洞裡穿針，抽針。

5 在每個小洞處反覆穿針兩次。

6 將結藏於暗釦裡邊，釘暗釦完成。

06 翻面與做牙口

參照DVD教學

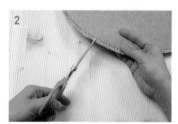

1 在縫份的直角轉彎處，從縫份邊緣向縫線外2mm處剪一條斜線，形成一個小三角形。

2 在曲線處剪牙口時，也要剪到縫線外2mm處為止。

3 從翻口翻面時，應捏住離翻口最遠的位置向外翻。

4 翻口狹小且物品較小時，可借助鉗子翻面。

參照DVD教學

07 填充棉花

填充棉花時,要注意用鉗子或其他填充工具輕推縫線,使縫線清晰、飽滿外現。這可是填充後保持縫線漂亮的祕訣。

不管是做大娃娃還是做小娃娃,都不要將填充棉從大團上扯下來一點一點地填充,而是要一氣呵成,連續不斷地把棉花填充進去。只有這樣,才能讓抱起來時的觸感柔軟、均勻,而且洗後填充棉才不易成一團。

參照DVD教學

08 貼花

貼花的基本針法是藏針法。貼花應按照相對的順序進行。有機棉 DIY 作品製作過程中,貼花方法都比較簡單。一般情況下,貼花圖樣都有編號,我們需要按照編號貼花。

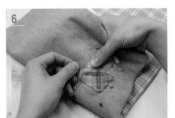

1 在要貼花的背景布料上放上貼花圖樣,依照圖樣繪出輪廓。

2 再在貼花的布料上依續繪出輪廓。

3 留出5mm的縫份裁剪布料,如貼花較小只留3mm的縫份。

4 在曲線部分剪出牙口,把縫份部分摺起來。

5 假縫,固定摺起來的縫份。

6 用珠針把貼花固定在背景布上。

7 藏針縫,固定貼花。

8 拆除固定縫份的假縫線,貼花完成。

09 滾邊

參照DVD教學

裁剪滾邊條時，滾邊條的方向與布料緯向（與布邊平行，布料不易被拉伸，是布料的織造方向）呈 45 度角為理想。但是在為包包的口部、容易拉伸的布料邊緣滾邊時（例如嬰兒包被滾邊），可沿經向剪滾邊條。最常見的滾邊寬度是 7mm，如果要做出 7mm 的滾邊，滾邊條的寬度則為 7mm×5，即 3.5cm。

裁剪滾邊條

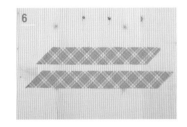

1　準備滾邊條的布料。

2　把布料的一角沿45度角摺起。

3　用剪刀沿摺線將布片剪開。

4　用縫份尺量出3.5cm的寬度，用水消筆繪出輪廓線。

5　用剪刀沿輪廓線裁剪。

6　準備兩段滾邊條。滾邊條裁剪完成。

連接滾邊條

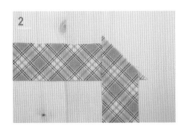

1　把準備好的兩個滾邊條放好，要將邊緣斜線方向一致。

2　留出縫份，把右邊滾邊條的邊緣壓在左滾邊條的邊緣上。

3　用珠針將兩個滾邊條的邊緣固定。

4　用水消筆繪出重疊線。

5 沿線用平針或回針法縫合滾邊條。

6 將兩邊的縫份沿中縫攤開拉平。

7 將兩邊縫合處露在外面的縫份剪掉。

8 滾邊條連接完成。

 ## 滾邊

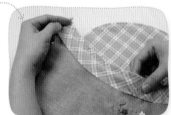

1 把要滾邊的布料與滾邊條正面相對,疊放在一起。摺出7mm的縫份,用珠針固定。

2 沿邊緣每5cm用一個珠針固定。

3 沿邊緣下方7mm處用平針或回針縫合。

4 沿縫線把滾邊條摺上去。

5 把滾邊條的另一邊沿邊緣下方7mm處摺起。

6 再摺7mm。

7 把滾邊摺到之前縫線下方1mm處,用珠針固定。

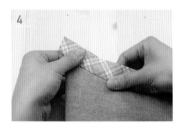

8 以5mm左右的針腳進行藏針縫。

9 在縫製過程中輕拉滾邊條，使滾邊更精緻、漂亮。

 **繡花** 參照DVD教學

 ### 輪廓繡（Outline stich）

與回針縫相似，如回針後重疊部分多，則為粗線條；如重疊部分少，則為細線條。比回針繡更能表現鮮明的線條。

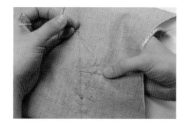

1 從布料下方插針，上方抽針。

2 向布料下方針腳的中間部分插針，自上向下走針。

3 從首次抽針處向前走一針，自下而上推針、抽針。

4 拉線，重複以上步驟。

 ### 平針繡（Running stich）

與平針縫相同，表裡針腳大小一致。主要用於領口、口袋等處的裝飾或壓線裝飾。

 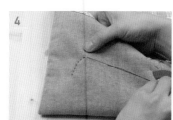

1 自上向下插針。

2 不要從下方抽針，針尖再向前走一針，從下向上插針。

3 抽針，拉線。

4 輕輕地拉一下縫線，以免起皺。

回針繡（Back stich）

與回針縫相同，向前走一針後再向後回半針。

1 自下而上走一針。

2 向後回一針，自下向上走針。回針時，注意針腳不要重疊。

 點繡（Frenchnut stich）

多用於表現點、花蕊、娃娃的眼睛等，也叫法蘭結繡或花蕊繡。

1 自下向上插針。

2 將線在針上纏2~3圈。纏繞的圈數愈多，結點愈大。

3 可用拇指輕壓線圈。

4 捏住針，拉線。

5 點繡完成。

 緞紋繡（Satin stich）

主要用來繡較大的空間、娃娃的眼睛等。

1 從下向上穿針。

2 從圖樣邊緣向上一個出針處插針。

3 抽針。

4 輕拉繡線，以免繡歪。重複以上步驟，填充空間。

 菊花繡（Laxydaisy stich）

主要用於繡花朵。

1 自下向上插針，抽線。

2 用線做出漂亮的花瓣。

3 從抽針處附近入針，再從花瓣的頂部出針，把花瓣固定在這兩點之間。

4 輕拉繡線，把花瓣的樣子繡漂亮。

5 從花瓣頂部向下穿針，壓住並固定花瓣輪廓。完成後向另一個花瓣處穿針。

6 拉線，做出花瓣的樣子。

7 重複以上步驟，完成花朵的繡製。

帶你熟悉基本技法
蜜蜂袋自己縫

小蜜蜂，嗡嗡嗡，你是我家寶寶的幸運星。

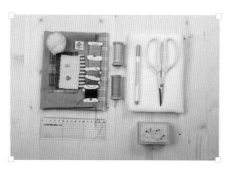

準備材料

30×70cm布料兩種，布片、繡線5~6
樣，樣式各異的釦子、鋪棉、暗釦。

★ 預計花費時間：6小時
★ 作品尺寸：長 25cm，寬 20cm

製作蜜蜂袋

01 把兩塊布料重疊，用珠針固定後，在上面繪製輪廓線。

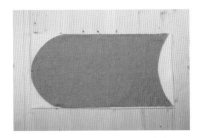

02 依照繪製的輪廓裁剪，在表布、裡布下面放入鋪棉，進行假縫。

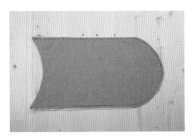

03 留下翻口，用回針法縫合。

04 沿著縫線的邊緣剪下多餘的鋪棉。

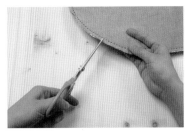

05 在曲線部分的縫份上剪出牙口。

06 自翻口處翻到另一面。

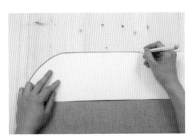

07 用水消筆繪製出蓋子部分的輪廓。

08 沿輪廓線做平針縫。

09 在蓋子部分的邊緣下方5mm處，用水消筆繪一條與邊緣平行的曲線，沿曲線用平針法壓線。

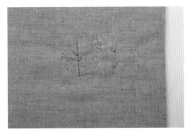

10 用輪廓繡、回針繡、菊花繡、點繡的方法繡出花、莖、葉等部分。

11 釘上星星、心、花朵模樣的釦子。

12 貼花，把花盆部分貼到花的下方。

13 將翻口部分，即蜜蜂袋的口部滾邊。

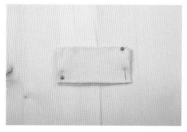

14 把兩個小布片正面對疊，依照圖樣畫出蜜蜂的翅膀。

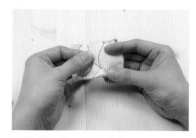

15 留下翻口，回針縫合。

16 留下縫份，把多餘的部分剪掉。沿翻口翻到另一面。

17 用毛邊縫法縫合翻口。

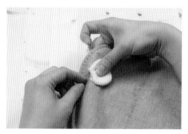

18 用水消筆在蓋子部分繪出蜜蜂圖案。

19 把做好的蜜蜂翅膀用貼布縫的方法縫到相對的位置。

20 把兩個布片正面對疊，在上面繪出蜜蜂身體的輪廓。

21 沿輪廓線回針縫合。

22 剪出幾個豎的牙口。

23 用鉗子翻面。

24 填充棉花使之柔軟。

25 用毛邊縫法縫合翻口。

26 用藏針縫法把蜜蜂貼到蓋子上。

27 用緞紋繡繡出蜜蜂的眼睛。

28 用平針繡繡出蜜蜂飛的軌跡。

29 把整個布片摺起，用藏針法縫合，做成一個袋子的樣子。

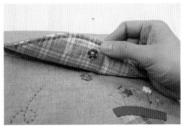

30 在袋口部分上下兩側釘上暗鈕。

31 蜜蜂袋製作完成。

小袋製作完成了，可以用它來裝寶寶的小和服。雖然技法還不太熟練，但能親手做出這個小袋子，真的很棒！裝滿了媽媽愛心的小袋子，雖然外表樸素不起眼，卻有著非比尋常的意義。

Part 3

母愛綿綿的
有機製作第一站

01

寶寶繡花手套

小和服的絕佳搭檔。

雖然只在寶寶初生階段短時間使用，

但能防止寶寶的小手抓破天使般的小臉。

是擔心遺傳性過敏的寶寶必備的哦！

DVD: 01.寶寶繡花手套

01 寶寶繡花手套

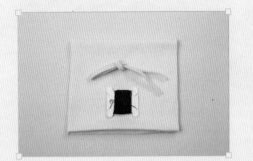

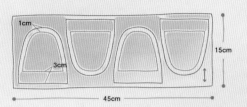

1cm

3cm

15cm

45cm

預計花費時間：1小時　★
作品尺寸：新生嬰兒適用　★

準備材料　45×15cm雙面有機平紋布，繡線若干，鬆緊帶約20cm，穿線針。

實物圖樣 | 參考51頁

製作手套

01 把兩塊雙面有機平紋布料疊放起來，在上面繪出寶寶手套的輪廓。

02 因為要進行手工包邊處理，所以裁剪時要留1cm的縫份，手套口部要留足3cm。

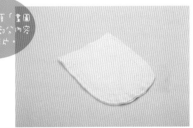

03 把兩塊布料正面相對疊放在一起，沿縫份外緣向內3mm用平針或回針縫合，縫合時口部除外。

04 在縫線邊緣的縫份部分每隔1~2cm處剪出牙口，然後翻面。

05 在邊緣向內5mm處再次繪出輪廓，以便於走針。

06 沿輪廓線用繡線平針縫。

07 平針縫完成後的樣子。

08 翻面，把口部向裡翻摺出一部分。

09 在邊緣下方1cm與1.7cm處分別畫線，標出穿鬆緊帶的位置。

10 沿兩條線用褐色繡線平針縫。

11 其中一條線上留出1cm的口，以便向裡邊穿鬆緊帶。

12 用穿線針向裡邊穿鬆緊帶。

13 鬆緊帶穿好後的樣子。

14 讓開口處起一點褶皺，把鬆緊帶兩端紮起來，剪掉多餘的部分。另一隻手套可以採用同樣的方法製作。

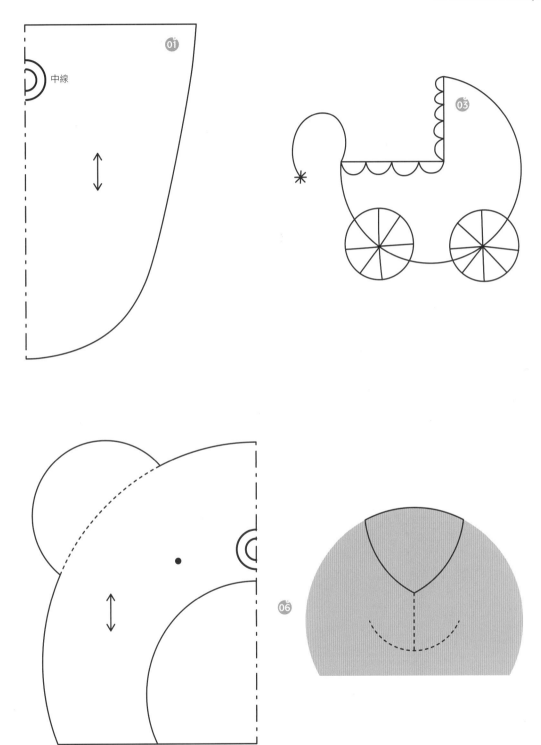

02

可愛的
繡花小和服

寶寶出生後穿的第一件衣服，小和服！

提起小和服，我們總能想起那浸了奶水的黃色小衣。

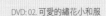
02 可愛的繡花小和服

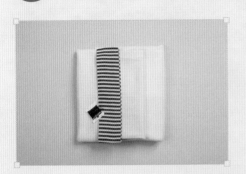

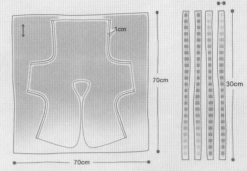

DVD: 02. 可愛的繡花小和服

1cm

70cm

30cm

70cm

預計花費時間：6小時　★
作品尺寸：新生嬰兒適用　★

準備材料　70×70cm 雙面有機平紋布，有機彩條布塊，繡線若干。

實物圖樣｜大實物圖樣 3-02

親手製作小和服

01 把小和服圖樣放在雙面平紋布料上，在布料上繪製輪廓，一面繪製完成後，翻過來，繪製另一面。

02 腋下與側線部分要手工包邊，留1cm的縫份。其他部分都要滾邊，可以不留縫份。

Tip

什麼是手工包邊？

包邊時，縫份要留足1cm，把布料正面對疊後，先沿縫份外邊緣向內 3mm 處回針縫合，翻面後再沿邊緣用回針法縫一遍。

03 布裡朝外，沿肩線對摺，用珠針固定袖子和側線部分。

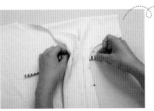

04 裁4個30cm長、1cm寬的布條，做出小和服的襟帶，縫到腋下（具體位置如實物圖樣所示）。

05 沿邊緣向內3mm處回針縫合腋下與側線。

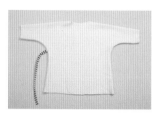

06 翻面，有一條襟帶露出。

07 用水消筆在腋下與側線邊緣向內5mm處畫線。

08 沿線用褐色繡線回針縫一遍。

09 在沒有襟帶的一側裡面腋下處縫上襟帶。

10 用單面平紋布做出3.5cm寬，與袖口周長同長的滾邊條。

11 用珠針把滾邊條固定在袖口裡側後假縫固定。

12 在袖口邊緣處把滾邊條向外摺，並用珠針固定。

13 在袖口處用繡線完成滾邊，針法與平針繡同。

14 把兩個袖口全部作滾邊處理。

15 其餘的邊緣部分與袖口處相同，均應固定後作滾邊處理。

16 滾邊時，需在邊緣處有標記的地方縫上衣帶。

17 在適當的位置繪出要繡的老虎圖案。

18 用平針、回針繡法繡出小老虎。

繡的方法請參考第39頁和影片講解。

19 漂亮的小和服，製作完成！

Tip

繡出寶寶的生肖。

參照實物圖樣 3-02 的生肖圖，繡上寶寶自己的生肖，將
會為你的小和服錦上添花。

**注意
事項**

嘗試著用做小和服剩下的碎布做
一個哺乳墊。這個東西雖然不起
眼，卻關乎母子健康。如果你打
算有計畫地進行餵母乳，它可是
個必備品哦！

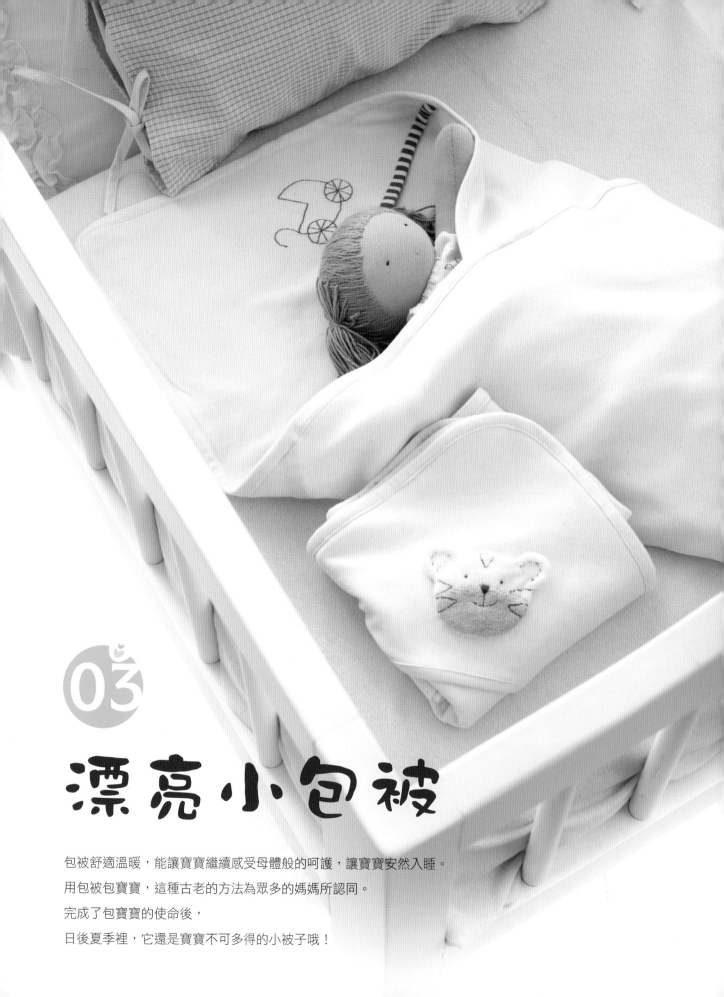

03 漂亮小包被

包被舒適溫暖，能讓寶寶繼續感受母體般的呵護，讓寶寶安然入睡。
用包被包寶寶，這種古老的方法為眾多的媽媽所認同。
完成了包寶寶的使命後，
日後夏季裡，它還是寶寶不可多得的小被子哦！

03 漂亮小包被

DVD: 03. 漂亮小包被

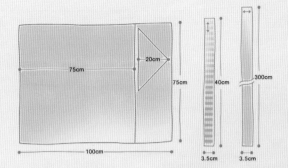

預計花費時間：5小時　★
作品尺寸：75×75cm　★

準備材料　75×100cm 雙面有機平紋布，單面平紋有機滾邊條約330cm，雙面彩條平紋布3.5×40cm，繡線若干。

刺繡部分實物圖樣 | 參考51頁

製作小包被

01 用雙面平紋布料裁出一個高20cm的等腰三角形，用來做包被的帽子。

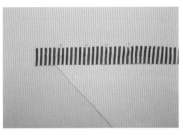

02 從彩條平紋布料上裁下一個寬3.5cm、長40cm的布條，把這個布條與三角形最長的一邊邊緣正面對疊，然後用珠針固定好。

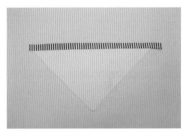

03 在三角形邊緣向內7mm處用平針或回針法縫出一條線。

04 沿縫線向上摺起滾邊條，在三角形邊緣處把滾邊條摺向三角形的另一面。

05 摺出縫份，用珠針固定好。

06 沿摺出的線用藏針法滾邊。

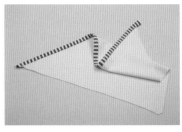

07 包被帽子部分滾邊完成後的樣子。

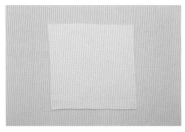

08 裁一塊75×75cm的雙面平紋布料。

09 把滾好邊的三角形布料疊放在大的正方形布料一角，用珠針固定。

10 把用珠針固定好的帽子部分假縫到正方形布料上。

11 在正方形布料的四個轉角處用水消筆畫出弧線。

12 沿線剪掉多餘的部分，不用留縫份。

做滾邊條的方法，請參考37頁。

13 用3.5cm寬的單面平紋布條連接成一條大約3m長的滾邊條。

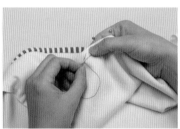

14 把正方形的四個邊全部作滾邊處理。

15 繡嬰兒推車前，先在布料上繪出嬰兒車的樣子。

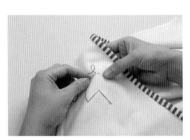

16 仔細的用繡線回針繡出推車。

17 推車繡好後的樣子。

Tip

如果你覺得用單面平紋布料滾邊時藏針縫比較難以處理，也可以用繡線平針縫一下。在影片部分，先講解如何在帽子上繡花。

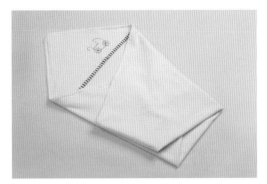

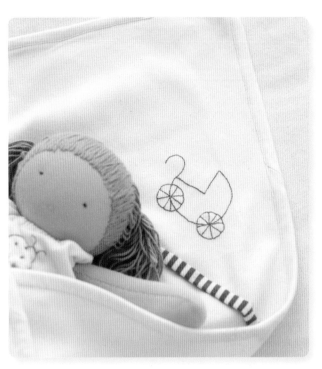

18 漂亮的小包被完成。

好好用的單面毛巾布料哦！

這個作品也可以用單面毛巾布料來
做，因為單面毛巾布料的伸縮性是
無與倫比的，用這種布料做出來的
包被，當它作為包被的使命完成
後，繼續當浴巾用也不錯。

04

人見人愛的
寶寶天使帽

對新生寶寶來說，舒適的帽子如同媽媽的懷抱。

04 人見人愛的 **寶寶天使帽**

DVD: 04. 人見人愛的寶寶天使帽

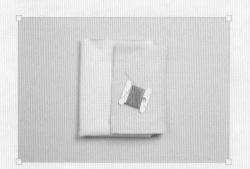

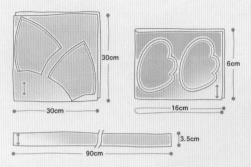

預計花費時間：3小時　★
作品尺寸：適合0~6個月嬰兒　★

準備材料　30×30cm 雙面有機平紋布兩塊，單面平紋有機滾邊條約70cm，用以做翅膀的單面毛巾零布少許，繡線若干。

實物圖樣 | 參考63頁

親手製作小帽子

01 把兩塊布料正面對疊，依圖樣在布料上畫出輪廓線。表布和裡布要分開繪輪廓。

02 留下縫份裁剪。要做滾邊處理的帽子入口部分不用留縫份。

03 把表布與表布、裡布與裡布用回針法縫合在一起。

04 把縫好的裡布翻面後套入表布裡邊，讓表布與裡布的反面對疊。

05 用珠針固定邊緣部分。

06 用3.5cm寬、30cm長的滾邊條為帽子的後下緣滾邊。

07 滾邊方法與為小和服滾邊的方法相同（參見37頁），即把滾邊條摺到外面後用繡線平針縫一圈。

08 剪一段3.5cm寬、60cm長的滾邊條，用這個滾邊條的中間部分為帽子的前上緣滾邊。

09 把帽子兩邊多出的滾邊條做成兩根帶子。

用天使翅膀裝飾小帽子

10 把兩塊單面毛巾布正面對疊，照圖樣繪出天使翅膀的輪廓。

11 沿輪廓線回針縫合後，留下縫份，剪下多餘的部分。

12 在天使翅膀的一面用剪刀剪出一個口，作為翻口。

13 在轉角與曲線處剪出牙口，翻面。

14 用貼布縫法縫合翅膀上的翻口。

15 把做好的天使翅膀用珠針固定到帽子兩側耳朵的位置上，按照圖樣，用輪廓繡的方法在上面繡一條曲線。

16 人見人愛的寶寶小帽子做好了。

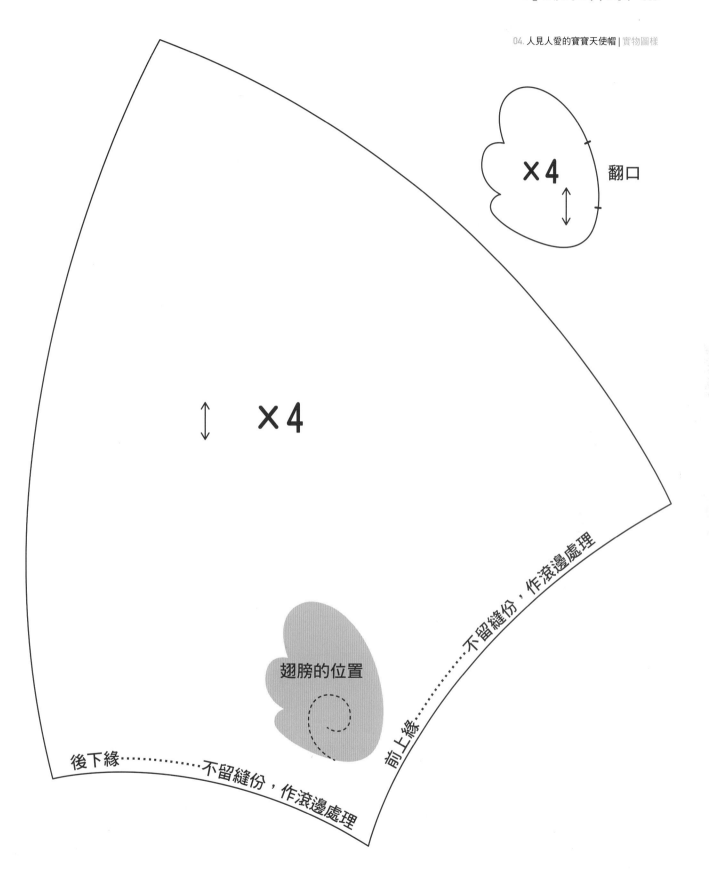

×4

翻口

×4

翅膀的位置

不留縫份，作滾邊處理

後下緣⋯⋯⋯⋯⋯不留縫份，作滾邊處理

前上緣

蹦蹦跳跳的**小兔子**

有機棉對寶寶來説是最好、最安全的布料，可以任他放在小嘴裡咬、吸。

一塊簡單的黃色毛巾布，

巧手媽媽的飛針走線，變成了人見人愛的小兔子。

05 蹦蹦跳跳的 小兔子

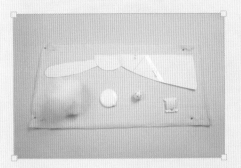

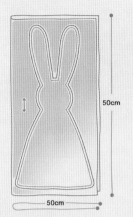

50cm

50cm

預計花費時間：2小時　★
作品尺寸：20×30cm　★

準備材料　50×50cm單面有機毛巾布、搖鈴、結實的
粗線、填充棉若干。

寶物圖樣｜大寶物圖樣 3-05

親手製作小兔子

01 把兩塊布料正面對疊，依圖樣繪出
小兔子的輪廓。

02 留下翻口，回針縫合。

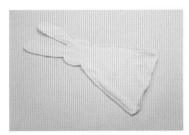

03 留縫份，剪下多餘部分。在轉角與
曲線處剪出牙口。

04 通過翻口用鉗子翻面。

05 翻面後的樣子。

06 填充棉花前，用手把小兔子的耳朵
挽起來。

07 用同樣的方法挽起另一隻耳朵。

08 從翻口處把棉花與小搖鈴塞進去，盡量一次塞入適當分量的棉花。

09 把棉花與小搖鈴推到小兔子的頭部，把頭部充圓。

10 把小兔子的頭圍調到20cm左右，用手抓緊脖子部分。

11 在小拇指上纏上粗線，繼續抓緊小兔子的脖子部分。

12 用線在小兔子脖子處緊紮2~3次。

13 一定要紮緊，不能鬆線。

14 透過揉捏，把小兔子的頭部修整漂亮。

15 做好頭部後，往下方的角上填充棉花，做出腳的樣子。

16 腳大約4cm長，觸感要柔軟，等到棉花填充完成後，用粗線紮起來。

17 另一隻腳也用同樣的方法填充後紮起來。

18 往小兔子的身體裡放一個搖鈴。

19 用藏針法縫合翻口。

20 從小兔子兩腳中間向上平針縫 10cm。

21 拉縫線，做出小兔子的屁股。

22 蹦蹦跳跳的小兔子做好了。

06

噹啷噹啷的

木熊小搖鈴

山毛櫸木配上有機棉，這是寶寶必備的玩具。

DVD: 05. 噹啷噹啷的木熊小搖鈴

06 噹啷噹啷的 **木熊小搖鈴**

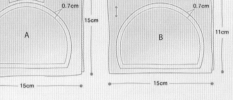

預計花費時間：3小時　★
作品尺寸：12×12cm　★

準備材料　Ⓐ15×15cm單面有機毛巾布，Ⓑ毛葛裡布15×11 cm，布片4×4cm，布片10×10cm（一塊），繡線若干，搖鈴，原木圈。

實物圖樣 | 參考51頁

製作小熊

01 把米色單面毛巾布、裡布分別正面對疊，依圖樣繪出小熊的臉部輪廓。

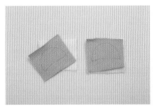

02 把米色單面毛巾布與褐色單面毛巾布正面對疊，用水消筆繪出小熊耳朵的輪廓。

03 沿輪廓線留出縫份，以回針縫合。

04 把臉部和耳朵部分全部用回針法縫合。

05 留出7cm的縫份，把多餘的部分剪下來。

06 把小熊臉部的表布與裡布正面對疊起來，用珠針固定。

07 留下翻口，以回針縫合。

08 從翻口處翻口，向裡邊輕推裡布。

09 用藏針縫合翻口。

10 把回針縫好的耳朵部分從翻口處翻面，用藏針縫合翻口。

11 準備好嘴、鼻子部分的布料，用水消筆在上面繪出圖案。

12 在小熊臉上畫出嘴的輪廓。

13 留出5mm的縫份，剪掉小熊嘴巴上多餘的部分，用珠針把它固定在小熊臉上。

14 用藏針法把小熊嘴巴貼縫在臉上。

15 用同樣的方法把小熊的鼻子貼縫在嘴巴處。

也可以先把原木圈放進去，再來確定耳朵的位置。

16 依照圖樣，用珠針把做好的小熊耳朵固定到相對的位置上。

17 耳朵的前後兩面都要用藏針法縫上去。

18 把小熊耳朵固定好。

19 用水消筆畫出小熊的眼睛和嘴巴。

20 繡出小熊的眼睛。眼睛的大小取決於針腳的大小，所以應該根據要繡的眼睛大小，相對地調整針腳的大小。

回針繡的方法請參考第40頁。

21 用回針法繡出小熊的嘴巴，小熊製作完成。

22 在小熊的臉裡面放入原木圈和小搖鈴。

23 把原木圈用藏針法固定到布裡邊，以免它亂動。

24 小熊原木搖鈴做好了。

 注意事項

做各式各樣的搖鈴。

請在基本圖樣的基礎上，將眼睛、
鼻子、嘴巴的樣子稍作變換。那麼
你就能做出各式各樣的動物搖鈴
了。

寶寶安睡
小羊枕

多汗寶寶,一定需要一個吸汗性良好的有機棉枕頭。

08

舒適輕便的
寶寶小羊套鞋

可愛寶寶出生後穿的第一雙鞋,巧手媽媽親自動手做。

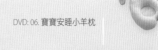

07 寶寶安睡小羊枕

DVD: 06. 寶寶安睡小羊枕

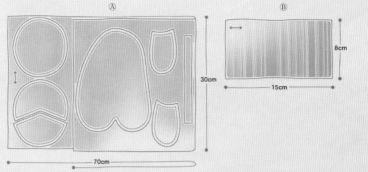

預計花費時間：3小時　★
作品尺寸：20×30cm　★

準備材料　Ⓐ30×70cm單面有機毛巾布，Ⓑ雙面有機彩條平紋布8×15cm，適量填充棉，繡線若干，尼龍。

寶物圖樣 | 大寶物圖樣3-07

製作小羊身體

01 把兩塊單面毛巾布（Ⓐ）正面對疊，在上面依圖樣繪出小羊身體的輪廓。

02 用珠針固定後，留出翻口與插尾巴的地方，其餘的部分用回針法縫合。

03 沿縫線，留出7mm的縫份，把多餘的部分剪下來。

04 剪一個寬5cm、長20cm的布片，用來製作小羊的尾巴。

05 把布片對摺成一長條，留下頭部邊緣的翻口，把其餘部分全部用回針法縫一遍。因為需要讓布的反面在外，所以摺的時候應方便對疊。

06 在縫好的尾巴一角剪一個三角形的牙口，用鉗子從翻口處翻面。

07 用鉗子把做好的尾巴穿進小羊身體相對的位置上。

08 用珠針固定後，用回針法把小羊尾巴縫到小羊身上。

09 從小羊身上的翻口處翻面。

10 依照圖樣，在身體中間部分用水消筆畫一個直徑約為7cm的圓，沿線用平針或回針縫一圈。

11 往身體裡填充棉花，填充後，觸感要鬆軟。

Tip

小枕頭裡要填多少棉花才算合適？

不要填充得太多。對0-10個月的嬰兒來說，如果填充太多，寶寶躺下時頭抬得就會比較高，不太舒服。所以填充時，有3-4層毛巾那麼厚就夠了。

12 藏針縫合身體部分的翻口。

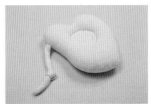

13 小羊的身體製作完成。

做小羊的腦袋

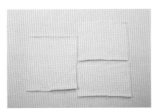

14 用水消筆繪出小羊的臉。此時要注意的是，小羊臉的表面是用布的反面做的，所以應該把輪廓線畫在布的正面。

15 沿輪廓線留下縫份，剪出小羊的臉、頭、後腦勺。

16 因為臉是單面毛巾布的反面，所以要把臉部的反面與頭部的正面對疊，用珠針固定。

17 用回針縫，小羊臉部製作完成。

18 把兩塊單面毛巾布正面對疊，用水消筆繪出小羊的耳朵。

19 沿輪廓線回針縫出小羊的耳朵。

20 留出縫份，剪下多餘部分，在曲線處每隔1~2cm剪出一個牙口。

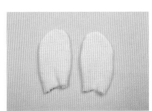

21 把小羊的耳朵翻面。

22 把小羊耳朵根部向上1/3處摺起來，用珠針固定。

23 把準備好的小羊耳朵假縫到臉的兩側。

小羊的耳朵有兩個，在片接合處。

24 把小羊的後腦勺布片與頭部布片正面對疊，用珠針固定。

25 留下翻口，回針縫合。

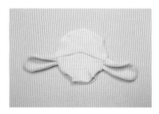

26 從翻口處翻面。

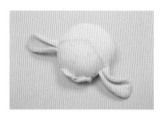

27 填充棉花，用水消筆畫出眼睛、嘴巴、鼻子的輪廓。

28 用回針繡法繡出眼睛、嘴巴、鼻子。

29 藏針縫合小羊臉部的翻口。

30 小羊的臉部製作完成。

連接頭與身體，進入收尾階段

31 為了把兩部分漂亮地連接在一起，先用水消筆在小羊身體上標出連接頭的位置。

32 把臉與身體用珠針固定起來。

Tip

填充完棉花後，如何假縫？
在對填充完棉花的布片進行假縫時，最好先用較粗的珠針把布片固定一下。

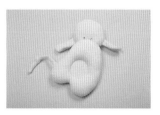

33 把後腦勺與身體也用珠針固定起來。

34 把頭的前後兩部分用藏針縫到身體上。

35 準備一片長8cm、寬15cm的彩條平紋布（不留縫份），把布片的兩端摺向中間，確保摺起的地方有1cm的重疊部分，摺縫與彩條布上的彩條平行。

36 用珠針固定後，在兩端分別用平針或回針縫一條與彩條垂直的線。

37 從重疊處翻面。

38 為了要做成蝴蝶結的樣子，在布片的正中間平針縫一條線。

39 輕拉縫線，布片上產生褶皺後，用線從中間紮起來。

40 用碎布條在蝴蝶結的中間纏繞幾圈，從後面藏針縫合。

41 漂亮的蝴蝶結做好了。

42 把蝴蝶結牢牢地藏針固定到小羊一側的耳朵上，小羊枕即製作完成。

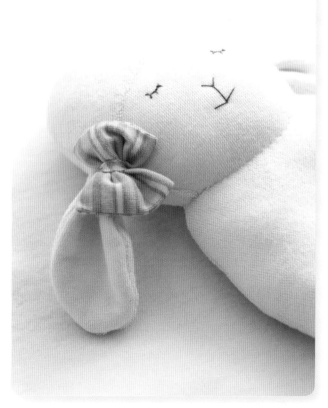

08 舒適輕便的 寶寶小羊套鞋

DVD: 07. 舒適輕便的寶寶小羊套鞋

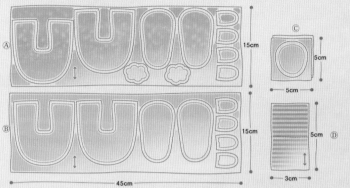

預計花費時間：4小時 ★
作品尺寸：3至8個月寶寶可用（根據寶寶成長狀況，尺碼會有所出入） ★

準備材料　Ⓐ15×45cm有機毛布，Ⓑ15×45cm有機裡布，Ⓒ5×5cm雙面有機平紋，Ⓓ3×5cm有機彩條平紋，繡線若干。

實物圖樣｜參考91頁

製作鞋套

01 根據圖樣，在布料（Ⓐ）與布料（Ⓑ）上繪出鞋底和鞋幫的輪廓。

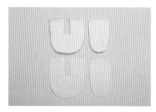

02 留出縫份，剪掉多餘的部分。

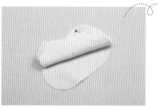

03 把鞋底與鞋幫部分的表裡布片正面對疊後假縫。

Tip

表布與裡布厚度差別較大時的縫製方法
當表布和裡布厚度差別較大時，最好先用針假縫一下，可以防止布片間的滑動，比用珠針固定效果更好。

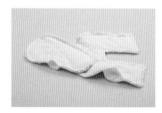

04 把假縫後的布片留下翻口，用回針縫上。

05 拆除假縫線，適當地剪出牙口後從翻口處翻面。

06 翻面後，用藏針縫合翻口。

07 沿後中心線把鞋幫正面對疊起來，藏針縫合後跟中心線，注意要裡外各藏針縫一遍。

08 藏針縫合好之後的樣子。

09 在鞋底前後分別標出中心點，把做好的鞋幫放到鞋底上，用珠針固定。

10 從外面藏針縫一遍，再翻過來從裡邊藏針縫一遍，把鞋底與鞋幫部分縫合在一起。

製作小羊貼布，收尾

11 用水消筆在寶寶鞋上繪製出小羊頭部輪廓。

12 把兩個小布塊正反面對疊起來，用水消筆畫出小羊耳朵的輪廓。

13 用珠針固定後，留出翻口回針縫。留5mm縫份，剪掉多餘部分。

14 裁下後翻面。

15 把耳後三分之一處向下摺疊，毛邊縫耳根部邊緣。

16 兩隻耳朵都毛邊縫後的樣子。

17 把做好的耳朵用珠針固定在耳朵處，用貼布縫法連接。

18 貼布縫完成後的樣子。

19 準備好貼布布料，用水消筆在正面畫出小羊臉的輪廓。

20 留5mm縫份裁剪。

21 用珠針固定小羊臉部布片。

22 沿邊緣線藏針縫固定好小羊的臉。

23 藏針縫完成。

24 把圖樣放在臉後部，用水消筆畫出凹凸不平的小羊腦袋輪廓。

25 在布料上畫出小羊腦袋輪廓，裁剪後藏針縫到小鞋相對的位置上。

26 畫出小羊眼睛和嘴巴後刺繡。眼睛用點繡法，其他部分用回針繡法。

27 眼睛、鼻子、嘴巴都繡好後的樣子。

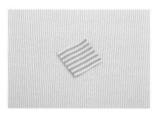

28 剪一塊橫長3cm、豎寬2.5cm的彩條布。

29 在剪好的小布塊上沿中間平針縫一道線，拉縫線，起褶皺後用繩子捆綁起來。

30 把蝴蝶結縫在小羊一邊的耳朵上。

31 縫上蝴蝶結後，就成為寶寶鞋，受人注目的焦點。

32 小巧精緻的寶寶套鞋做好了。

注意
事項

做各式各樣的小動物套鞋

在鞋子圖樣的基礎上，對貼花部分
稍作變動，就可以做出各式各樣的
小動物套鞋。

09

不可缺少的
彩條口水巾

咿呀學語時，寶寶開始流口水，
從這時到斷奶，口水巾必不可少。媽媽們，妳準備好了嗎？

09 不可缺少的彩條口水巾

DVD: 08. 不可缺少的彩條口水巾

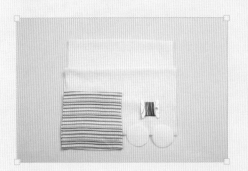

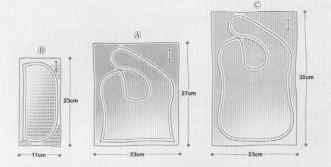

預計花費時間：2小時　★
作品尺寸：23×33cm　★

準備材料　Ⓐ23×27cm單面有機毛巾布，Ⓑ雙面有機彩條平紋布11×23cm，Ⓒ有機棉裡布23×35cm，繡線若干，尼龍搭釦。

實物圖樣｜大寶物圖樣3-09

製作口水巾

01 在有機單面毛巾布（Ⓐ）上依圖樣畫出口水巾上方表布的輪廓。

02 在有機棉裡布（Ⓒ）上依圖樣畫出口水巾的輪廓。

03 在彩條平紋布料（Ⓑ）上畫出口水巾下方表布的輪廓。

04 留下7mm的縫份，把多餘的部分裁剪下來。

05 把單面毛巾布料與彩條平紋布正面對疊，用珠針固定好。

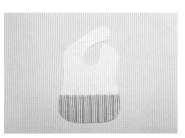

06 把口水巾的表布縫合好後展開。

07 在連接好的表布上鋪上裡布，使表裡正面對疊，用珠針固定好。

08 留出翻口，回針縫合。

09 在曲線處剪出牙口，從翻口處翻面。

10 藏針縫合翻口。

11 沿著邊緣，用藍色的繡線為口水巾平針壓線。

12 剪一片圓形的尼龍搭釦，假縫後再貼布縫到口水巾上。

13 貼布縫完成的樣子。

14 不可缺少的彩條口水巾做好了。

做出更多的動物圖樣口水巾。

從寶寶5~6個月開始，口水巾尤其
重要。只有1~2條口水巾，是不夠
的。

口水巾做起來很簡單，所以媽媽們
要記得多多準備。媽媽們可以充分
發揮自己的靈感，為孩子做出更
多、更漂亮的口水巾。

10

愛不釋手的
小狗狗

肚皮拖地爬行的小寶寶，
突然有一天，他竟然坐起來了！當我們擔心他會歪倒的時候，
讓這可愛的狗狗在身邊守護他，怎麼樣？

10 愛不釋手的**小狗狗**

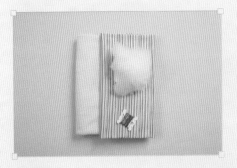

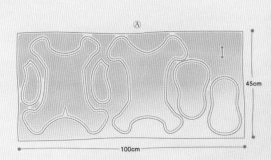

預計花費時間：6小時 ★
作品尺寸：38×45cm（是個塊頭有點大的娃娃） ★

準備材料 Ⓐ100×45cm單面有機毛巾布，Ⓑ有機彩條平紋布30×70cm，繡線若干，暗釦，填充用棉500g。

實物圖樣｜大實物圖樣3-10

做狗狗的身體

01 單面毛巾布（Ⓐ）上繪出狗狗身體的上、下兩面，臉的前、後兩面以及兩個耳朵。

02 把身體的上、下兩面，臉的前、後兩面，以及兩個耳朵全都留出縫份，剪掉多餘的部分。

03 用彩條平紋布料（Ⓑ）留出縫份，裁出狗狗的兩個耳朵、背心，並裁出5×20cm的狗狗尾巴。

04 把尾巴部分豎向對疊，留出翻口，回針縫合。

05 用鉗子翻面。

06 狗狗尾巴做好了。

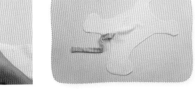

07 依照圖樣，把尾巴插到狗狗尾巴部分的省道線處，並回針縫合省道線。

Tip

什麼是省道?
在用平面布料製作立體效果時,
需要把多餘的布料部分收堆,縫
合起來,這就是省道。

08 回針縫合身體下片省道線。

09 把身體的上、下兩面正面相疊,用珠針固定。

10 留下翻口,把身體上、下兩面回針縫合起來。

11 從翻口處翻面。

12 填充棉花。填充時注意要填充得均勻、柔軟,確保填充棉洗後不成團。

13 藏針縫合翻口。

14 狗狗的身體做好了。

做狗狗的臉

15 把臉部前面布片上的省道線用珠針固定在一起,並用回針縫合。

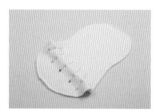

16 把臉部後面布片上的省道線用珠針固定在一起,並用回針縫合。

17 把臉部前、後面的兩個布片正面對疊在一起,用珠針固定好,留下縫口,回針縫合。

18 用鉗子從翻口處翻面。

19 填充棉花。在繡眼睛、嘴巴前,先用珠針把翻口暫時固定起來。

20 用單面毛巾布和彩條平紋布裁出狗狗的耳朵。把裁好的耳朵布片正面對疊,用珠針固定。

21 留下翻口，回針縫合後翻面。

22 藏針縫合翻口，狗狗的兩個耳朵製作完成。

23 把做好的耳朵用珠針固定到狗狗臉的相對位置上。

24 前後兩面藏針縫綴狗狗耳朵。

25 耳朵縫到臉上之後的樣子。

26 在彩條布片上畫出狗狗鼻子的樣子，留5mm的縫份，剪掉多餘的部分。

27 把鼻子部分的省道線捏在一起，回針縫合。

28 在狗狗臉上畫出鼻子的位置。

29 把鼻子用珠針固定到臉部相對的位置上，沿鼻子的邊緣線用藏針縫一圈。

30 藏針縫到只剩下2cm左右的缺口時，在鼻子部分填充棉花，讓它鼓起來，以增強立體感。

31 用水消筆畫出狗狗的眼睛和嘴巴。

32 繡出眼睛和嘴巴，眼睛用緞紋繡法，嘴巴用回針繡法。

33 眼睛和鼻子繡好後的樣子。

34 把頭部用珠針固定在身體上。

35 在身體上藏針縫一圈，把頭縫到身體上。鬆鬆軟軟的狗狗做好了。

製作狗狗背心

36 用珠針固定好背心布片的肩膀處。

37 沿肩膀線回針縫。

38 把所有部分的縫份摺起來，用珠針固定好。

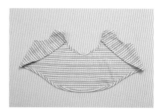

39 沿縫份邊緣仔細地平針縫一遍。

40 釘暗鈕。

41 為狗狗穿上做好的背心。一個鬆鬆軟軟、讓你愛不釋手的狗狗就完成了。

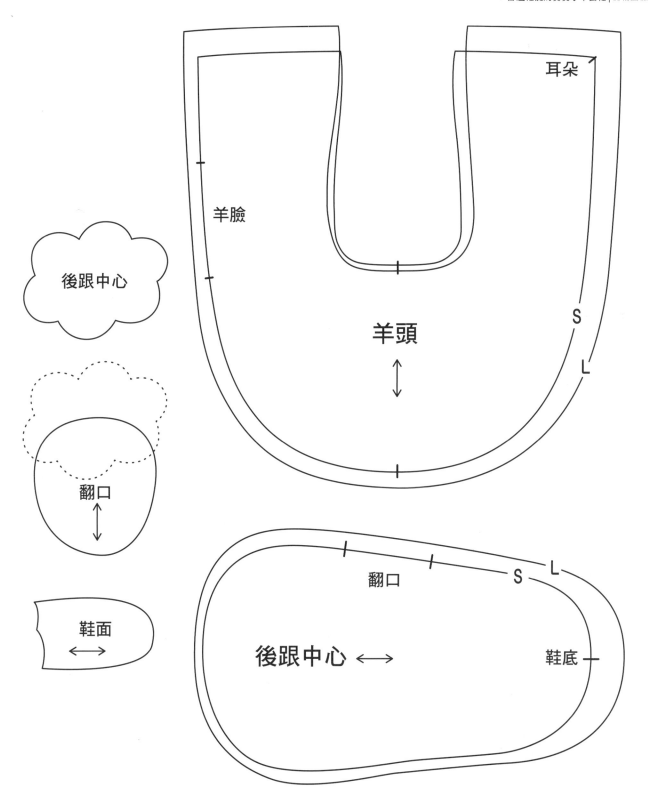

後跟中心

翻口

鞋面 ←→

羊臉

耳朵

羊頭 ↕

S

L

翻口 ↕

翻口

S L

後跟中心 ←→

鞋底

Part 4

母愛濃濃的
產前催生物品 DIY

媽媽的明智之作

條紋小和服

繡花小和服裡藏滿了寶寶初生時的回憶，值得當作紀念品收藏。

這件條紋小和服會是寶寶衣櫃裡最精緻、最實用的一件，

別忘了，它還可以當開衫穿哦！

⑪ 媽媽的明智之作——條紋小和服

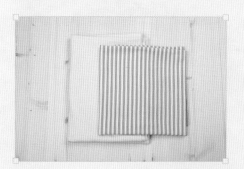

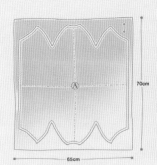

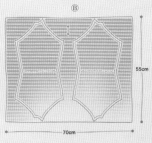

預計花費時間：4小時　★
作品尺寸：新生嬰兒用　★

準備材料　Ⓐ70×65cm單面有機平紋布、Ⓑ有機彩條平紋布70×55cm，塑膠暗釦2粒。

🔲 實物圖樣｜大實物圖樣4-11

製作小和服

01 以圖樣的中線為中心，在單面彩條平紋布（Ⓑ）上畫出左右對稱的兩個袖子輪廓。

02 留出一定的縫份，裁剪出兩個袖子。

03 為了方便縫合，把袖子豎向對疊，用珠針固定。

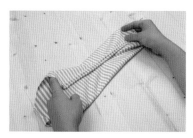

04 回針豎向縫合固定好的袖子。

05 把袖子從袖口處反面對疊，形成兩層。

06 把圖樣鋪放在單色單面平紋布（Ⓐ）上，以圖樣中線和下擺為中心，左右對稱、上下對稱地畫出完整的身體輪廓。

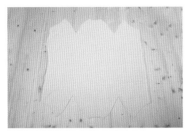

07 留出縫份，把多餘部分裁掉。

08 把後背部分橫向摺起，用珠針固定兩側（襟部）。

09 回針縫合襟部後翻面。

10 把袖子與身體部分的位置擺好，以方便連接表裡。

11 條紋小和服是雙層的，應該先用珠針沿袖窿線把身體和袖子部分固定起來，讓兩部分的表布正面對疊。

12 回針縫合表布上的袖窿線。

13 翻面，用珠針固定後，回針縫合袖窿線。

14 摺起頸圍線上的縫份，用珠針固定好。

15 藏針縫頸圍線的邊緣。

16 用水消筆在前後襟要釘釦子的地方作出標記，釘上暗釦。

17 媽媽的明智之作 ── 條紋小和服 ── 做好了。

注意事項

縫份處理較為自由的單面平紋布

用單面平紋布做雙層的寶寶上衣、帽子、手套時，縫份處理比較自由。就算縫得不太整齊，也能達到不錯的效果。

環保衛生的

小布尿褲

順產、餵母乳、布尿褲是媽媽們的明智選擇。我個人認為,堅持用布尿褲是最難做到的。如果當時能早點準備布尿褲,我小兒子就能享受到它的舒適與體貼了。

12 環保衛生的小布尿褲

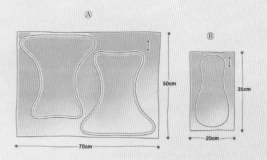

預計花費時間：2小時　★
作品尺寸：新生嬰兒用　★

準備材料　Ⓐ50×70cm雙面有機平紋布，Ⓑ雙面有機平紋布20×35cm，鬆緊帶適量，繡線若干。

寶物圖樣│大寶物圖樣4-12

製作布尿褲

01 依圖樣在雙面平紋布（Ⓐ）上畫出兩個尿褲的輪廓，留5mm的縫份，把多餘的部分剪掉。

02 依圖樣畫出吸收布（Ⓑ），不留縫份，剪掉多餘的部分。

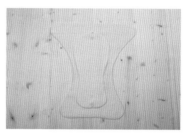

03 依圖樣，把吸收布放在一個尿褲布片的裡側，用珠針固定好。

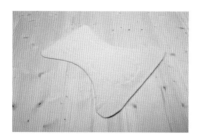

04 沿吸收布邊緣向內5mm處，回針縫一圈。

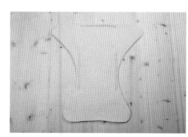

05 把兩塊吸收布反面對疊，用來做備用吸收布。要準備3個備用吸收布。

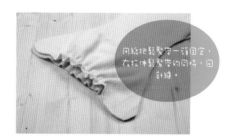

06 依圖樣，在後腰線中間處穿上鬆緊帶。

07 用同樣的方法把鬆緊帶回針縫到襠部兩側。

08 把鬆緊帶的頭部回針縫固定在邊緣止縫線向內1cm處。

09 為尿褲的邊緣鎖邊。鎖邊時應先剪掉起初5mm的縫份。

如果沒有鎖邊機，可以用薄的有機布料進行滾邊。

Tip

什麼是鎖邊？

鎖邊是指為了防止布料脫線，用有鎖邊功能的縫紉機把布料的邊緣包纏固定起來。

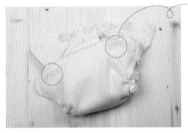

10 在腰部兩側釘上兩粒塑膠暗釦，使腰圍大小可以調節。

如果不方便鎖邊，可以把上下兩層留下翻口，回針縫合後即可翻面使用。

11 留5mm的縫份，裁出兩片備用吸收布，把它們對疊後，同時剪掉上下兩層5mm的縫份，鎖邊。

12 把雙層吸收布放在尿褲裡側，在要釘釦子的地方作標記。

13 在尿褲與吸收布所標記的位置上釘塑膠暗釦。

14 用水消筆畫出小雞的輪廓，繡出小雞的樣子。

15 柔軟體貼的小尿褲做好了。

Tip

沒有鎖邊機怎麼辦?
如果沒有鎖邊機而又想為作品鎖
邊,在完成鎖邊前的所有步驟
後,把東西拿到住家附近的裁縫
店,由老闆代勞。

13

愈看愈喜愛的
雲朵小風鈴

雲朵裡飄出的催眠曲，就像媽媽哄寶寶睡覺時的哼唱一樣，讓人覺得親切而熟悉。可先當作風鈴，
等寶寶能抓物體時，又可當作寶寶手上的小玩具。

13 愈看愈喜愛的 雲朵小風鈴

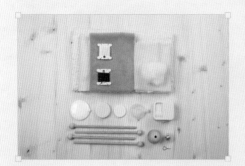

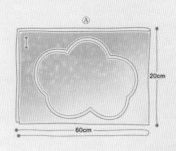

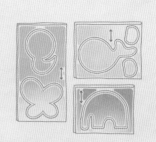

預計花費時間：8小時 ★
作品尺寸：雲朵25×18cm ★

準備材料　Ⓐ60×20cm有機抓毛布、三種不同的有機單面毛巾布各少量、搖鈴、響鼓、樂盒、釣魚繩若干、風鈴架、螺絲、填充棉200g。

寶物圖樣│大寶物圖樣4-13

製作雲朵

01 把兩塊有機抓毛布料（Ⓐ）正面對疊，用水消筆畫出雲朵的輪廓。

02 留下翻口和樂盒繩洞，用回針縫一圈。

03 適當地留縫份，剪下多餘部分。在曲線和轉角處剪出牙口。

04 從翻口處翻面。

05 透過翻口填入少量棉花後，放入樂盒，再填入適量的棉花。

06 把樂盒繩穿到鉤針裡，從裡面經樂盒繩洞把樂盒繩拉到外面。

07 在樂盒繩上穿一個小木圈。

08 藏針縫合雲朵翻口。

09 雲朵製作完成。

製作小雞、鯨魚、蝴蝶、大象

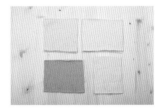

10 把相對的布料正面對疊,在上面畫出小雞、鯨魚、蝴蝶、大象的輪廓。

把一小塊布摺起來塞進去。

11 把一小塊褐色的毛巾布用珠針固定在小雞喙部,回針縫一圈。

12 裁一塊1×5cm的布,在一端打一個結,做出大象的尾巴。

13 依圖樣,把大象的尾巴塞到相對的位置,回針縫合。

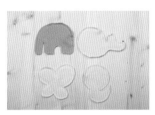

14 正面對疊,沿輪廓線回針縫合鯨魚、蝴蝶。

在蝴蝶一側布片上前出一個3cm的翻口,從翻口處翻面。

15 把幾個小動物留出縫份,剪掉多餘部分,從翻口處翻面。

16 往鯨魚的肚子裡填上棉花和響鼓。

17 用點繡法繡出眼睛。

18 藏針縫合鯨魚的眼睛。

19 往大象肚子裡裝入棉花和搖鈴,用點繡法繡出眼睛,藏針縫合翻口。

20 在小塊毛巾布上畫出大耳朵的輪廓。

21 回針縫合後，在耳朵的內側剪出一個橫向的開口。

22 藏針縫合大象耳朵。

23 用珠針把耳朵固定到大象身體上。

24 把固定好的耳朵橫向藏針縫在大象身體上。

25 往蝴蝶肚子裡裝上棉花和響鼓，藏針縫合翻口。

26 取一塊2×20cm的毛巾布，用藏針或回針縫成一個帶子。

27 把做好的帶子沿蝴蝶身體中心線繞一圈，並把兩端繫起來。

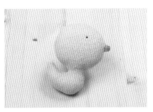

28 往小雞肚子裡裝入棉花和響鼓，用點繡法繡出小雞的眼睛。

小雞、鯨魚、蝴蝶、大象製作完成後的樣子。

活動造型的完成

29 往風鈴架中間的木球上穿上螺絲，在木球上穿上木棒，風鈴架做好了。

30 用針把釣魚繩固定在雲朵的正中間，另一端固定在木球下方的螺絲環上。

31 用同樣的方法把小雞、鯨魚、蝴蝶、大象的身體連在釣魚繩上,把繩子的另一端綁在木棒頭部,風鈴即製作完成了。

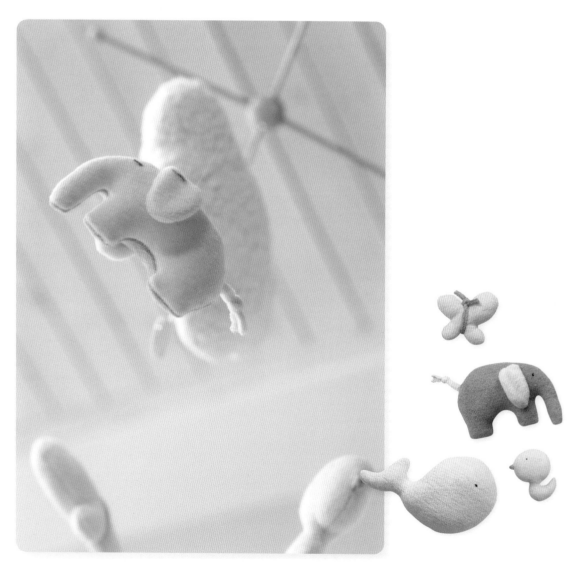

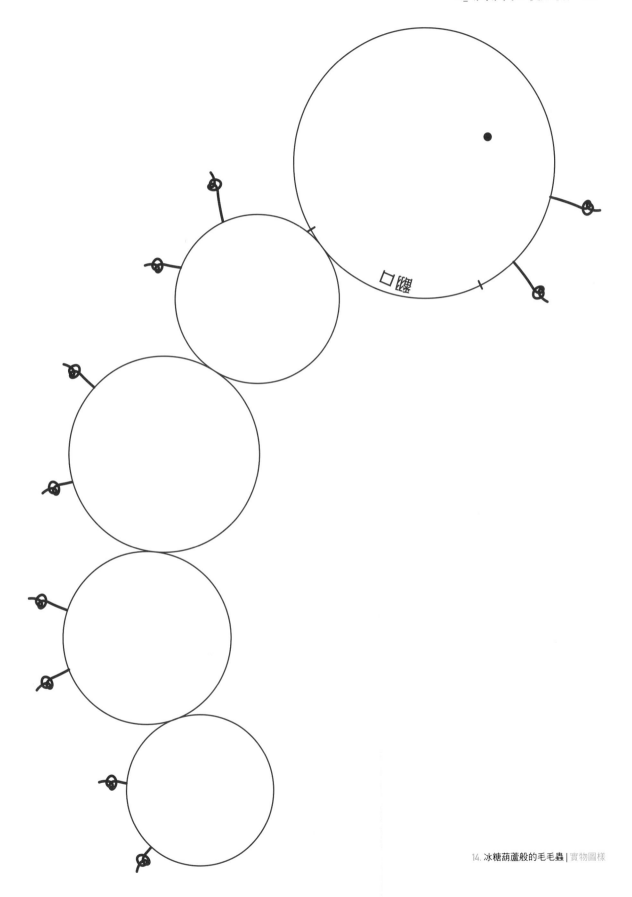

□ 縫

14. 冰糖葫蘆般的毛毛蟲 | 實物圖樣

14

冰糖葫蘆般的

毛毛蟲

寶寶的小手之所以閒不下來，

是因為他太好奇了，

想用小手去觸摸所有的東西。

為了給寶寶更多的觸覺體驗，

我懷著一顆母愛之心，做出了這條「毛毛蟲」。

14 冰糖葫蘆般的 毛毛蟲

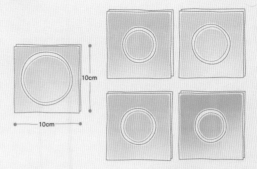

預計花費時間：5小時 ★
作品尺寸：約30cm長 ★

準備材料 10×10cm有機布料5塊，搖鈴，響鼓，裡料填充物4種（棉花、粗珍珠棉、細珍珠棉、櫻桃籽），有機棉毛線3種，繡線若干。

實物圖樣｜參考107頁

製作毛毛蟲

01 精心選出各種布料，把兩塊布正面對疊，依圖樣畫出一個腦袋和四節身體。

02 剪出4根7cm長的有機棉毛線，將兩端紮在一起，用同樣的方法再做一個。

03 留出縫份，剪掉多餘部分，依圖樣，將兩條腿放在相對的位置上。

04 留下翻口，回針縫一圈。

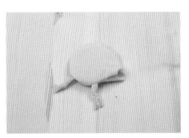

05 自翻口處翻面。

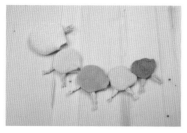

06 用同樣的方法做出一個腦袋,四節身體。

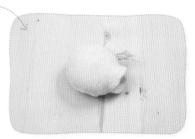

07 在腦袋裡裝上棉花和響鼓。

08 用點繡法繡出眼睛。

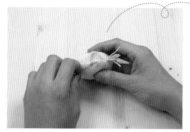
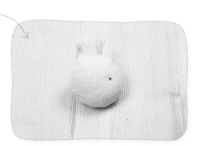

09 藏針縫翻口,毛毛蟲的腦袋製作完成。

要注意,粗珍珠球與響鼓不能一起填充。

10 用準備好的櫻桃籽、粗細珍珠棉等與搖鈴、響鼓一起放入毛毛蟲的身體裡。

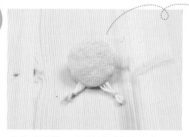
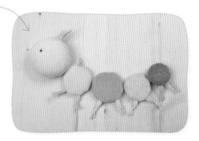

11 藏針縫,毛毛蟲身體製作完成。

12 把做好的身體、頭部用藏針縫法連接起來。

13 取6段25cm長的綠色有機棉線，將其兩兩分開，分成三股，像編小辮子一樣把它編成一段漂亮的繩子。

14 把編好的繩子綁到毛毛蟲脖子上，毛毛蟲即製作完成了。

15

媽媽無微不至的體貼
寶寶口水巾

當寶寶開始把目光投向嬰兒車以外的世界時，

如果不能為他做一條有機背帶，

那一定要為他準備好充滿媽媽愛心的口水巾。

寶寶，現在可以放心地吮吸、撕咬了，媽媽會幫你洗乾淨哦！

15 媽媽無微不至的體貼——寶寶口水巾

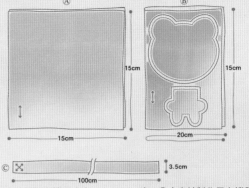

預計花費時間：3小時 ★
作品尺寸：口水巾長15cm，小青蛙7×10cm ★

準備材料　Ⓐ口水巾用單面有機毛巾布15×15cm 2塊，Ⓑ小青蛙製作用有機單面毛巾布20×15cm，Ⓒ有機滾邊條約100cm，搖鈴，響鼓，3×12cm尼龍搭釦，繡線若干。

實物圖樣│大實物圖樣4-15

製作口水巾

01 剪出兩塊單面有機毛巾布，因為要作滾邊處理，所以裁剪時不必留縫份。

02 把兩塊毛巾布反面對疊。

03 剪出寬3.5cm、長100cm的滾邊條，為口水巾滾邊一圈。

滾邊的方法，請參考37頁。

04 口水巾四周滾邊結束。

05 在滾邊相接的地方，用滾邊條滾出相對的斜線，使前後兩部分自然銜接。

06 滾邊條會有一部分多出來，這部分要用來製作連接青蛙玩具的帶子，可用珠針把它固定後用藏針縫，做成漂亮的連接帶。

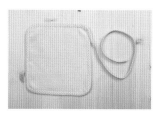

07 口水巾滾邊結束。

08 取一塊寬3cm、長12cm的尼龍搭釦，用珠針把搭扣固定在口水巾兩邊，用貼布縫或回針縫法把搭扣綴在口水巾上。

09 口水巾部分完成。

製作小青蛙玩具

10 把兩塊毛巾布料（Ⓑ）正面對疊，依照圖樣畫出臉的輪廓，留出翻口，回針縫一圈。

11 留出縫份，剪掉多餘部分，在曲線和轉角處剪出牙口，確保翻面後曲線自然。

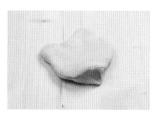

12 自翻口處翻面。

13 填入棉花和響鼓後，用珠針固定翻口。

14 繡出青蛙的眼睛和嘴巴。嘴巴用回針繡，眼睛處走一個大針腳即可。

15 藏針縫合青蛙頭部的翻口。

16 小青蛙頭部製作完成。

17 用水消筆在上下兩塊毛巾布上畫出青蛙身體的輪廓。

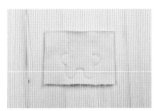

18 留翻口，用回針縫合。

19 留出縫份，剪掉多餘部分，在曲線和轉角處剪出牙口後翻面。

20 填入棉花和搖鈴。

21 把口水巾上長帶子的另一端插入青蛙頭部翻口處，用回針縫合翻口。

22 用珠針把青蛙身體固定到頭部，沿邊緣線藏針縫一圈。

23 有小青蛙玩具的口水巾做好了。

注意
事項

請嘗試做更多的小動物口水巾

不一定非要做小青蛙。可以根據寶寶的喜好，做較為簡單的小鴨子、鯨魚等。

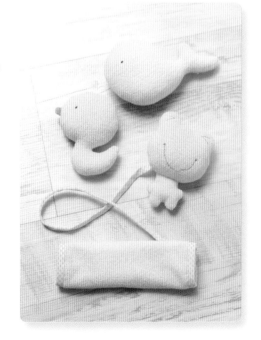

16

淘氣狗狗
蕎麥枕

蕎麥性寒，是袪除胎熱的絕佳物品。使用時，應選用脫粒後的乾蕎麥皮，切記！

柔軟舒適的
寶寶背心

穿長袖襯衫感覺熱，只穿一件衣服又擔心寶寶會冷，這時幫寶寶加一件背心，是再合適不過了。

16 淘氣狗狗 蕎麥枕

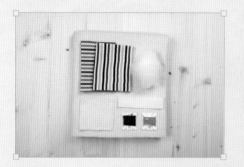

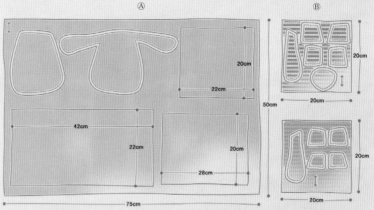

Ⓐ

Ⓑ

預計花費時間：6小時 ★
作品尺寸：40×25cm ★

準備材料 Ⓐ50×75cm單面有機平紋佈，Ⓑ2種20×20cm的彩條平紋布，7×7cm單面毛巾布，繡線2種各若干，適量填充棉，內套用布（裝蕎麥皮的套子與內枕頭套用布65×25cm）。

寶物圖樣｜大寶物圖樣4-16

製作狗狗的頭

01 在單面有機毛巾布上畫出狗狗前頭部、後頭部的輪廓，在兩種不同的彩條平紋布上分別畫出狗狗的一隻耳朵。

02 留出縫份，裁出狗狗前頭部、後頭部以及耳朵處的布片。

03 用珠針把裁好的彩條耳朵固定在前頭部的相對位置上，把彩條耳朵和前頭部上的耳朵用回針法縫在一起。

04 把前頭部與後頭部正面對疊，沿邊緣回針縫一圈。

05 在後頭部正中間用剪刀剪一個缺口，以作為翻口。

06 自翻口處翻面。

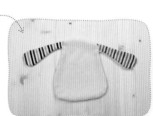

07 用平針縫合狗狗頭部與耳朵的連接線。

08 從翻口處填充棉花。

09 在小布片正面畫出狗狗眼睛的輪廓，用以裝飾狗狗的眼部。

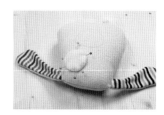
10 留出5mm的縫份，將眼睛部分裁下。摺起縫份，用珠針把眼睛固定到相對的位置上。

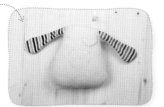
11 把圓圓的眼睛藏針縫在狗狗臉上。

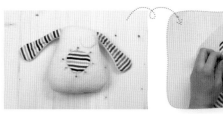
12 用同樣的方法裝飾狗狗的鼻子。

13 貼完眼睛和鼻子後的狗狗。

14 用點繡法繡出眼睛，而用回針繡法繡出嘴巴，淘氣狗狗的表情製作完成了。

15 藏針縫合頭部翻口，狗狗頭部製作完成。

製作狗狗身體（枕頭套）

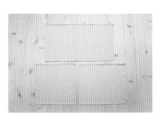
16 裁一塊長42cm、寬22cm的布，另外，不留縫份，裁28×22cm、20×22cm布片各一塊。

Tip

留縫份的理由

在枕頭上片橫長30cm、豎寬20cm的情況下，裁剪時，枕頭兩個下片橫長之和應比上片多出12cm，豎寬應多出2cm，並在此基礎上留出縫份。（這是因為兩個下片有一部分是重合的）

17 把裁好的枕頭下部兩塊布料靠中間的豎邊縫份摺起來，用珠針固定。

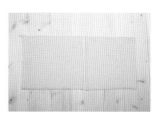
18 分別用回針縫兩條豎邊。

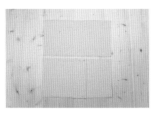

19 將枕頭下部兩塊布部分重疊，使這個下部與上部布塊大小一致。

20 用珠針在下部重疊處固定尼龍搭扣，把搭扣貼布或用回針縫上。

21 把上、下兩部分正面對疊在一起，回針縫一圈。

22 從搭扣處翻面。

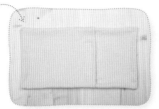

23 在邊緣向內7mm處用水消筆作出標記，用繡線平針縫。

24 在豎縫線向內1cm處再次平針縫，在此過程中，要適當地留下一個缺口，填充完棉花後，再把開口用平針法縫上。

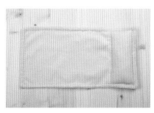

25 狗狗身體製作完成了。

收尾

26 用珠針固定好狗狗的身體與頭部，沿頭部周圍用藏針縫一圈。

27 頭部與身體連接後的樣子。

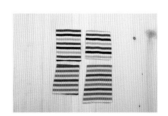

28 把兩塊彩條布疊放在一起，依圖樣畫出狗狗的腳。

29 留一邊，作為翻口，其餘部分用回針法縫在一起。

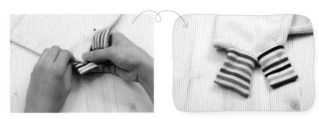

30 把狗狗腳上的翻口全部用藏針縫。

31 把四隻腳藏針縫在身體上。此時,腳的裡外兩邊都要用藏針縫。

32 蕎麥皮枕心。可以為枕頭套量身製作一個枕心,也可以買一個小米枕心裝進去。

33 淘氣狗狗枕製作完成。

 注意
事項

蕎麥故事

在韓國,蕎麥因作家李孝石的小說《蕎麥花開時節》而廣為人知。角部尖尖的蕎麥有著三角形牛角的模樣。外表呈褐色。12~13世紀,經中國傳至朝鮮半島。蕎麥味甜性涼,在預防成人病方面有很好的效果。脫粒後剩下的蕎麥皮也性寒,所以可作藥用,對發熱有一定的療效。另外,枕著蕎麥皮做的枕頭睡覺,可清腦明目,有助睡眠。做枕頭時,應選用經高溫處理過,彈力好且無慮的蕎麥皮。裝有蕎麥皮的枕頭應經常放在陽光下晾曬,以殺菌除濕。

17 柔軟舒適的 寶寶背心

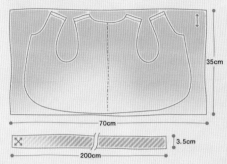

35cm
70cm
3.5cm
200cm

預計花費時間：4小時　★
作品尺寸：100天~1週歲嬰兒用　★

準備材料　有機抓毛布70×35cm，滾邊條約200cm。

實物圖樣｜大實物圖樣4-17

製作背心

01 把圖樣鋪在有機抓毛布料上，以後背中線為中心，用水消筆左右對稱畫出整個背心的輪廓。

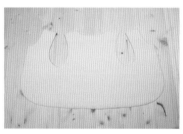

02 除肩線部分留縫份外，其餘部分全部不留縫份裁剪。

03 把肩線正面對疊，用珠針固定好。

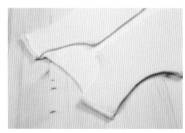

04 回針縫合肩線。

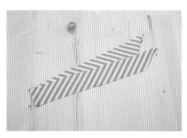

05 準備兩根寬3.5cm、長30cm的滾邊條。

06 把滾邊條與袖襱線邊緣正面對疊，用珠針從外面固定好。

07 從邊緣向內7mm處作回針縫滾邊條。

08 把滾邊條摺向背心的裡側，摺出縫份，用珠針固定。

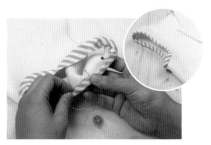

09 在背心裡側沿珠針固定好的線用藏針縫一圈。

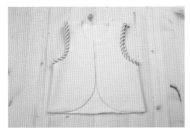

10 把背心兩側的袖襱部分全部都作滾邊處理。

11 把除頸圍線之外邊緣部分全部作滾邊處理。

12 頸圍線部分的滾邊條需有一部分作為多出來的小帶子，所以滾邊條每側應該多準備20cm，即需準備一條寬3.5cm、長70cm的滾邊條。

13 柔軟舒適的寶寶背心做好了。

愛意濃濃的小被子

想著還未出世的寶寶，
在細膩柔軟的絲絨面料上一針一線地繡出媽媽的愛。

18 愛意濃濃的小被子

預計花費時間：別太緊張，一個星期 ★
作品尺寸：90×90cm ★

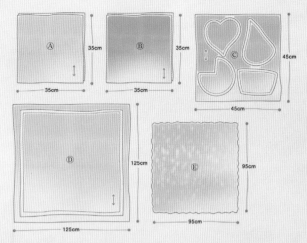

準備材料　Ⓐ Ⓑ 兩種35×35cm有機絲絨布各2塊，Ⓒ45×45cm有機絲絨布1塊，Ⓓ有機毛葛布125×125cm，Ⓔ有機棉95×95cm，繡線5~7種。

實物圖樣｜大實物圖樣4-18

貼布與繡花

01 用水消筆在Ⓐ或Ⓑ上畫出禮盒、「Thanks」字樣，以及貼布與繡花時需要的其他所有圖案。

02 用水消筆在貼布用的黃色Ⓒ正面畫出禮盒的輪廓。

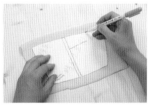

03 留5mm的縫份，裁下禮盒，用珠針把它固定在背景布上。

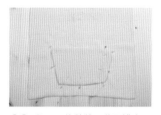

04 沿禮盒邊緣把禮盒用藏針縫在背景布上。貼布完成。

05 用6股繡線平針繡出禮盒的帶子。

06 回針繡出禮盒上的蝴蝶結。

07 用輪廓繡和緞紋繡法交替繡出「Thanks」字樣，即字較薄的地方用輪廓繡法，較厚的地方用緞紋繡法。

08 「Thanks」部分的貼布與繡花完成。

Tip

最好能沿黃色禮盒邊緣縫線在禮盒內襯一些棉花。（此步驟可放在「04」後進行。）

09 「Bless」、「Baby」、「Love」部分也用同樣的方法製作。

製作小被子

為了幫助讀者了解製作步驟，以下是把實物縮小後拍下的照片，謹作參考。

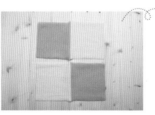

Tip

什麼是分縫？

分縫是指在把兩塊布料正面相對回針縫合後，以縫線為中心，使縫份分別倒向左右兩邊。

10 準備兩種不同顏色的布料（Ⓐ、Ⓑ）各兩塊，要求大小為30×30cm。

11 用四角拼布法，先把乳白色和淺褐色的兩塊布料正面對疊後沿豎線縫合，再用同樣的方法把兩塊布橫向縫合。把所有的縫份分縫。

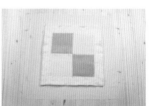

12 有機棉不留縫份，直接裁成90×90cm大小。把拼好的被面鋪放到有機棉的正中間。

13 沿棉花上鋪的被面邊緣假縫一圈。

14 在有機毛葛布Ⓓ上裁出122×122cm大小的被子裡布，把已經固定好的棉花與被面鋪放到毛葛布中間。

15 把毛葛布摺上來，留出1cm的縫份，沿被面部分的完成線用珠針把它固定好，轉角處要摺成漂亮的斜線。

16 把四邊都留出縫份摺上來。

17 沿摺上來的邊緣線用回針或藏針縫。可用縫紉機縫，也可用手工縫。如果用手工縫製，用針同時穿過被面、被裡與棉花，用平針法縫製。

18 愛意濃濃的小被子做好了。

 注意事項

棉花的用量

做小被子時，請不要用太厚的棉花。如果用太厚的被子包裹體形較小的新生兒，媽媽會比較吃力，寶寶也不一定舒服。所以要放入適量棉花，讓它用起來比較方便。

19

樸素而實用的
新生兒睡袋
兼無袖洋裝

製作一件新生兒睡袋兼無袖洋裝，真是一舉多得。

初生時可當作睡袋用，出門時可作為小包被用，

寶寶稍大一點時又可以當作無袖洋裝穿。

母子共用的
小兔產婦枕
兼哺乳墊

隨著腹中的小寶寶一天天長大，準媽媽睡覺會變得愈來愈不方便。
這件寶貝也是一箭雙鵰，既可讓準媽媽睡個好覺，
又可當作日後小寶寶的哺乳墊。

19 樸素而實用的 新生兒睡袋兼無袖洋裝

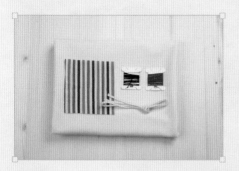

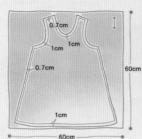

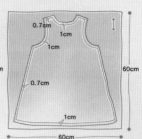

預計花費時間：4小時　★
作品尺寸：新生兒睡袋，18~24個月寶寶洋裝　★

準備材料　60×60cm雙面有機平紋布2塊，貼布用彩條平紋布適量，繡線2種各適量，鬆緊帶2碼。

製作洋裝

01 以前後中線為中心，用水消筆左右對稱畫出完整的前片和後片。

02 在基本縫份為7mm的基礎上，因為要穿鬆緊帶，所以頸圍線、袖窿線、下襬處要留出1cm的縫份。

03 用水消筆在前片正面畫一隻瓢蟲，在貼布布塊的正面也畫一隻瓢蟲。

04 留5mm的縫份，剪掉多餘的部分。

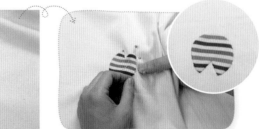

05 把縫份摺起來，用珠針固定好，沿瓢蟲邊緣藏針縫，貼布完成。

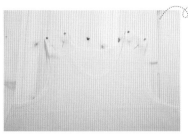

06 用紅色繡線以回針繡出身體輪廓。

07 把前、後片正面對疊，用珠針固定好肩線和側線。

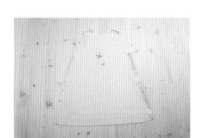

08 回針縫合肩線和側線。

09 把頸圍線處1cm的縫份摺起來，用珠針固定好。

10 沿摺起的縫份邊緣，用紅色繡線平針縫，注意線跡要漂亮。另外，要記得留一個穿鬆緊帶的小口。

11 頸圍線、袖蘢線、下襬等要穿鬆緊帶的地方都要用紅色繡線平針縫。

12 在頸圍線、袖蘢線、下襬處穿上鬆緊帶，睡袋兼洋裝製作完成。

Tip

平紋布料不需要鎖邊。
平紋不易脫線，不管是單面平紋，還是雙面平紋都不必鎖邊。獨自在家縫慢縫時，平紋是最合適的布料。因其橫向伸縮性較強，所以不易用縫紉機縫，手工縫則沒有任何問題。

20 母子共用的 小兔 產婦枕兼哺乳墊

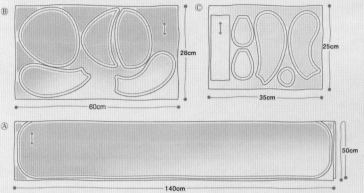

預計花費時間：8小時　★
作品尺寸：長140cm，寬25cm　★

準備材料　Ⓐ50×140cm有機長毛絨棉布1塊，Ⓑ60×28cm有機長毛絨棉布1塊，Ⓒ單面有機毛巾布25×35cm，40cm長拉鏈，鬆緊帶，繡線若干，棉花適量（50×140cm有機毛葛布1塊，蕎麥皮）。

實物圖樣｜大實物圖樣4-20

製作小兔的頭

01 用水消筆在有機長毛絨棉布上畫出小兔子的臉部輪廓。

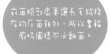
前面臉部處要讓長毛絨棉布的反面朝外，所以畫輪廓時圖樣不必翻面。

02 均勻地留出縫份，裁剪。臉的下方部分，長毛絨棉布的反面向外。

03 把臉上方部分的正面與下方部分的反面對疊，用珠針固定後沿邊緣回針縫合。

04 把臉上方部分與臉部後片正面對疊，沿邊緣縫一圈。

05 在臉部後片上豎著剪一條大約7cm的開口，作為翻口翻面。

06 填充棉花後，用珠針固定。填充後要使觸感柔軟。

07 用水消筆在貼布布塊上畫出鼻子，留5mm的縫份，裁剪。同時，依圖樣在臉部也畫出鼻子的輪廓。

08 摺起鼻子處的縫份，用珠針固定。

09 沿鼻子邊緣藏針縫。

10 鼻子貼布完成。

11 把單面毛巾布與長毛絨棉布正面對疊，在上面畫出兔子耳朵的輪廓。

12 回針縫合耳朵，留出一定的縫份，裁剪。

13 在曲線部分剪出牙口，把耳朵翻面。

14 毛邊縫合耳朵上的翻口。

15 用粉紅色的繡線在耳朵邊緣向內7mm處平針壓線。

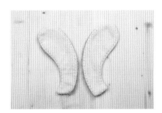

16 用同樣的方法做好另一隻耳朵。

17 用珠針把耳朵固定到臉部，把耳朵的前後兩側均用藏針法縫合起來。小兔子耳朵連接完畢。

18 用點繡法繡出小兔子的眼睛，用回針繡法繡小兔子的嘴巴。

19 藏針縫臉部後片上的翻口。

縫製小兔子的身體（墊子）

20 準備一塊寬50cm、長140cm 的長毛絨棉布，把它的正面 橫向對疊，依圖樣畫出邊緣 的曲線。

21 留下縫份，裁剪。

22 把兩塊單面毛巾布正面對 疊，在上面畫出小兔子的尾 巴。

23 留縫份，回針縫後裁剪。

24 翻面，填充棉花，不留縫 份，毛邊縫合翻口。

25 剪一塊長20cm、寬6cm的單 面毛巾布，用來做套尾巴的 小圓環。

26 把圓環部分摺成一個小長 條，摺的時候要注意讓回針 縫的縫線位於正中間。

27 用鉗子為圓環翻面。

28 取一段12cm長的鬆緊帶，把 它穿到圓環裡。

29 向兩端拉鬆緊帶，讓外面的 圓環起皺，把鬆緊帶的兩端 與圓環的兩端用回針法縫在 一起。

30 在身體正面兩端用貼布縫法分別固定住尾巴和圓環。

31 留出40cm要縫拉鏈的位置， 把小兔子的身體用回針法縫 起來。

32 從翻口處將身體部分翻面。

33 把拉鏈處的縫份摺向裡邊， 回針縫。

34 在拉鏈處再用平針法縫一 遍。

35 拉鏈中心與翻口中心相對,用珠針固定後回針縫拉鏈。

36 拉鏈縫好後的樣子。

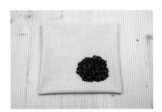

37 準備好裡布與用來填充的蕎麥皮或棉花,做出一個與兔子身體一樣的袋子,把填充物裝到裡邊。

38 用藏針縫法把頭部縫到身體的前端,小兔產婦枕兼哺乳墊製作完成。

 注意事項

懷孕7個月時,側區開始不便。懷大兒子、小兒子時,只能抱著大一點的枕頭入睡。這件作品作產婦抱枕用時,不用把尾巴穿到圓環裡,直接抱著睡即可。孕婦將近足月,睡覺不便時,這可是一件好寶貝哦!

Part 5

在有機的世界裡
快樂遊戲

21

骨碌骨碌的
寶寶繡球

想要寶寶的小手抓一個大大的球？
好一個貪心的媽媽，所以在球面上做出小洞，
讓寶寶的手指可以伸進去，輕鬆地穩拿大球。

21 骨碌骨碌的 寶寶繡球

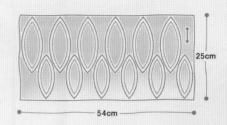

25cm

54cm

預計花費時間：3小時　★
作品尺寸：約18cm　★

準備材料　25×54cm有機單面毛巾布，各種色彩的彩條平紋布若干，搖鈴，棉花約120g。

製作繡球

01 依圖樣在厚厚的單面毛巾布反面畫出6片輪廓。

02 均勻地留縫份，裁剪。

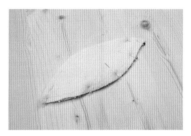

03 把2個裁剪好的布片正面對疊，用珠針固定。

04 在兩端轉角處各留5mm，把其餘的部分沿輪廓線用回針縫上。

05 在縫好的兩個布片上再回針縫一個布片。

06 用三個布片縫出球的一個半圓，再用另三個布片縫出一個半圓。

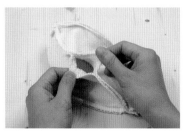

07 兩個半圓正面對疊，用珠針固定後，用回針縫。

08 自翻口處翻面。

09 填充棉花和搖鈴，填充時要塞結實。

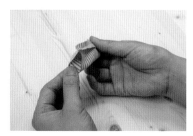

10 藏針縫合翻口，布片兩端部分的開口不用縫合。

做球面上的小洞

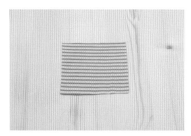

11 用彩條平紋裁幾個橫長6cm或7cm，豎寬5cm到8cm不等的布片。

12 把布片沿緯向豎摺起來，用珠針固定好。

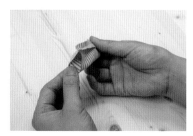

13 沿豎線回針縫。

14 在一端邊緣向內5mm處穿針，用結實的線平針縫後拉線。

15 用縫線把開口勒緊紮起來。

16 把它塞到球的兩邊小洞處，向外翻摺縫份。

17 沿洞的邊緣線藏針縫。

18 兩邊洞洞都做好後的樣子。

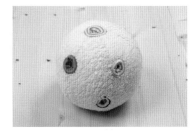

19 用剪刀在球面的其他部分剪出十字形的牙口，做成小洞。

20 在球面上做出10~12個不同大小、不同深淺、不同顏色的小洞。繡球製作完成。

注意
事項

製作尾巴球

嘗試做個尾巴球。到了寶寶玩球的年齡，給他做這樣的尾巴球，結果會怎麼樣呢？一拋起來，尾巴也會跟著動，寶寶一定會高興的不得了。

22

結實耐用的
小熊浴巾

這是一個現年十歲孩子出生前所做的浴巾，
現在被他的弟弟使用中。這件寶貝，
一定是用好質料加愛心做出來的哦！！！

22 結實耐用的**小熊浴巾**

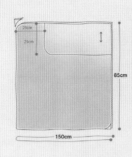
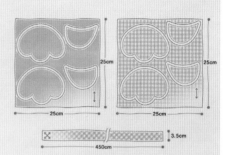

預計花費時間：6小時　★
作品尺寸：80×85cm　★

準備材料　150×85cm有機雙面毛巾布，滾邊條450cm，25×25cm小布塊，繡線若干。

製作浴巾

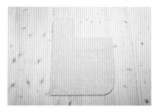

01 準備一塊長150cm、寬85cm的毛巾布，依圖樣裁剪。

02 用珠針固定好浴巾的帽子部分，把頭部上方用回針縫合在一起。

03 取一段寬3.5cm、長30cm的滾邊條。

04 把滾邊條正面向下，用珠針固定在帽子的縫份處。

05 在縫份邊緣向內7mm處用回針縫。

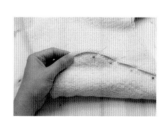

06 把滾邊條翻摺到另一面，讓滾邊條包住縫份，用珠針固定。

07 沿邊緣線用藏針縫滾邊條。帽子部分的縫份處理完畢。

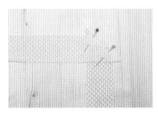

08 對其餘部分作滾邊處理，準備一條寬3.5cm、長400cm的滾邊條。

09 如用斜線法連接兩段滾邊條，則連接部分的厚度會相對減少，滾出的邊便會更自然、漂亮。

10 把滾邊條鋪放在浴巾邊緣，正面與浴巾正面對疊，用珠針固定後，沿邊緣向內7mm處用回針縫。

11 把滾邊條從縫線處向邊緣方向摺起來，包住浴巾邊緣，再向浴巾另一面摺起，摺出縫份，用藏針法縫滾邊。

12 浴巾的邊緣部分處理完畢。

做小熊的耳朵和腳，收尾

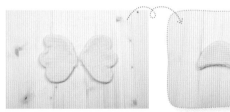

13 把雙面毛巾布與格子布正面對疊，畫出小熊的耳朵和腳。

14 回針縫好後留下縫份，剪掉多餘部分。

15 在小熊耳朵和手部曲線與轉角處剪出牙口，自翻口處翻面。

16 藏針縫合耳朵和腳的翻口。

17 小熊耳朵與腳做好後的樣子。

18 耳朵邊緣向內7mm處，用粉紅色的繡線平針繡一圈。

19 把耳朵固定在帽子邊緣向上10cm處。

20 從前、後兩側分別以藏針縫耳朵。

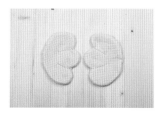

21 用粉紅色的繡線把小熊腳周圍也平針繡一圈。

22 把兩隻腳分別固定在浴巾下方的兩個角上。

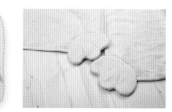

23 從內外兩個方向以藏針縫小熊的腳。

24 小熊浴巾製作完成。

23

陪寶寶快樂洗澡的
小熊手偶

讓寶寶快樂洗澡，一個簡單的手偶就夠了。
看著寶寶不亦樂乎的樣子，媽媽也會開心不已。

23ｅ 陪寶寶快樂洗澡的 小熊手偶

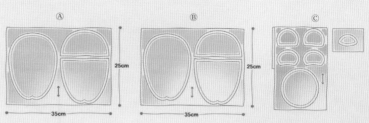

Ⓐ

Ⓑ 25cm

Ⓒ

35cm 35cm

預計花費時間：4小時 ★
作品尺寸：橫向15cm，豎向20cm ★

準備材料 Ⓐ35×25cm雙面毛巾布，Ⓑ35×25cm毛葛布，Ⓒ貼布時用單面毛巾布2種，棉線若干，繡線若干。

🏠 實物圖樣｜大實物圖樣5-23

製作手偶

01 在雙面毛巾布（Ⓐ）上畫出小熊身體的一個下片與兩個上片。

02 在裡布（Ⓑ）上畫出小熊身體的一個下片與兩個上片。

03 裡布與表布上都均勻地留縫份，裁剪。

04 把一塊單面毛巾布正面對疊，在上面畫出小熊的腳。

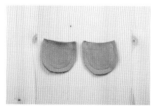

05 回針縫後，留縫份裁剪。

06 從翻口處翻面，小熊腳準備完畢。

07 準備一條15cm長的棉線，對摺後在頭部打結。

08 把小熊屁股部位的表布與裡布正面對疊，在中間放入棉線和小熊腳，用珠針固定好。

09 把小熊身體的三個布片的表布與裡布分別對疊在一起，用珠針固定。

10 留翻口，進行縫合。

11 在曲線和轉角處剪出牙口，自翻口處翻面。

12 藏針縫合翻口。

13 把小塊的單面毛巾布正面對疊，畫出小熊耳朵，並沿輪廓線回針縫。

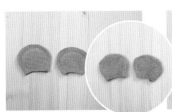

14 留出縫份裁剪後，自翻口處翻面，小熊耳朵準備完畢。

 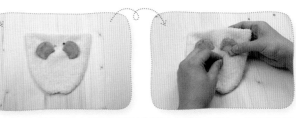

15 在身體前上片用水消筆畫出小熊的耳朵，把製作好的小熊耳朵用珠針固定在相對的位置上，用貼布法把耳朵縫在頭部。

16 在小布塊的正面畫出小熊臉的輪廓，留出5mm的縫份，剪掉多餘的部分。

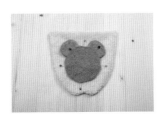

17 為了便於貼布縫合，先用珠針把小熊的臉固定在身體上。

 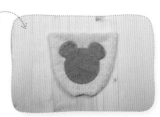

18 沿邊緣線藏針縫，小熊臉部製作完畢。

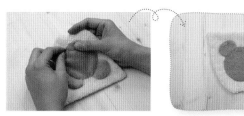

19 用雙面平紋布塊貼布縫出小熊的嘴巴。

20 眼睛與鼻子用紋緞繡，嘴巴用回針繡。

21 用珠針固定小熊身體的兩個上片和一個下片。

22 順著小熊身體的表布邊緣進行藏針縫，翻面，用藏針縫裡側的裡布。

23 在入口上下邊緣處用平針壓線。另外，為了防止兩段分開，在入口處兩側用藏針縫1cm。

24 小熊手偶製作完成。

24

溫暖的幸福熊
圍巾

即使在冷風呼嘯的嚴冬，也不要和感冒親密接觸哦！

24 溫暖的幸福熊 圍巾

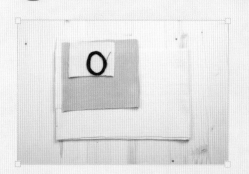

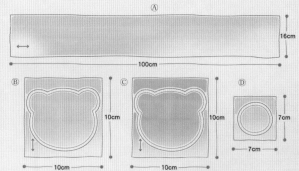

預計花費時間：2小時　★
作品尺寸：寬10cm，長100cm　★

準備材料　Ⓐ16×100cm有機雙面平紋布1塊，Ⓑ製作小熊用有機絲絨布10×10cm，Ⓒ毛葛布10×10cm，Ⓓ有機絲絨布7×7cm，貼布時用布7×7cm，繡線若干。

製作圍巾

01 取一塊橫向長16cm、寬100cm的乳白色雙面有機平紋布料，把兩條100cm的邊摺向中間，用珠針固定好。

02 沿中間的摺線，留10cm的縫份，用回針縫。

03 確保摺線在圍巾的正中間後，在圍巾兩端鋪放圖樣，依圖樣用水消筆畫出輪廓。

04 回針縫合輪廓線。

05 把圍巾自翻口處翻面後，藏針縫合翻口。

06 圍巾部分製作完成。

製作小熊，收尾

07 把淺褐色的絲絨布與裡布正面對疊，依圖樣在上面畫出小熊的輪廓。

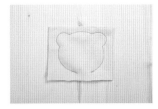

08 留出翻口，用回針縫。

09 留縫份裁剪後，在轉角和曲線處剪出牙口。

10 自翻口處翻面，平針縫出耳朵與臉部的連接線。

11 為了用貼布法做出嘴巴部分，用水消筆在小熊臉的正面畫出嘴巴部分的輪廓。

12 在乳白色絲絨布的正面畫出小熊嘴巴部分的輪廓，留5mm縫份，剪掉多餘部分。

13 把剪好的嘴巴部分放在小熊臉部，用珠針固定好。

14 繡出小熊的眼睛和嘴巴。眼睛用點繡法繡；鼻子用緞紋繡法繡，注意要繡得厚實一些；嘴巴用回針繡法繡。

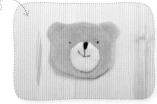

15 用藏針縫小熊臉部的翻口。

可以先幫寶寶圍一條圍巾，根據寶寶個人的情況，選擇固定小熊的位置。

16 根據自己的喜好，用珠針把做好的小熊臉固定到圍巾相對的位置上。建議固定在圍巾一端向上約15cm處。

17 在圍圍巾時，另一端會穿過小熊，所以小熊的臉應斜放，用藏針縫到圍巾上。

18 漂亮的幸福熊圍巾做好了。

注意事項

為口水寶寶準備的小圍巾

小圍巾是愛流口水寶寶的必備之物。
繡上寶寶名字的第一個字母，為我們的寶寶做一個小圍巾吧！
它將是寶寶特有的，世界上獨一無二的一個哦！

陽光直射大地時

小魚遮陽帽

㉕ 小魚遮陽帽

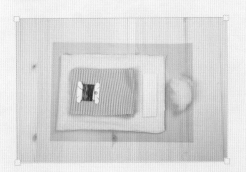

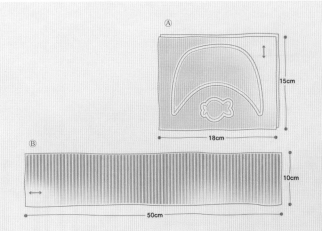

預計花費時間：3小時　★
作品尺寸：6~18個月嬰兒用　★

準備材料　Ⓐ15×18cm有機單面毛巾布，Ⓑ10×50cm有機雙面平紋布，鬆緊帶10cm左右，透明膠片，繡線若干，棉花少量。

製物圖樣｜大實物圖樣5-25

製作帽子

01 把單面毛巾布正面對疊，依圖樣畫出帽簷部分輪廓。

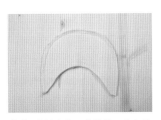

02 沿輪廓線回針縫後，均勻地留縫份，剪掉多餘的部分。

03 在曲線處剪出牙口，把帽簷翻面。

04 用藍色繡線沿帽簷邊緣內側平針繡。

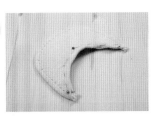

05 把透明膠片剪成帽簷的形狀後，插入單面毛巾布帽簷中間。

06 用珠針固定，以防止膠片脫出。

07 剪一段寬7cm、長50cm的布條，把一條50cm的邊對摺到另一條50cm的邊上。在50cm的正中間做好標記後，在正中間留一道19cm的開口作為翻口，應標記出翻口的起止點。

08 留下翻口，回針縫合其餘部分。

09 用鉗子自翻口處翻面。

10 把做好的帽簷與帽帶翻口處一側縫份正面相對捏合在一起，用珠針固定好。

11 沿帽簷上的輪廓線從裡側用回針縫，此時，要把膠片推到帽簷前方。

12 把翻口處的另一邊縫份摺起來，固定在帽簷上。

13 用藏針縫合19cm的翻口。

14 取一段7cm長的鬆緊帶，把它穿到一側帽帶的邊緣處。

15 沿邊緣處的輪廓線把鬆緊帶與帽帶邊緣回針縫在一起。

16 用鉗子把回針縫好的鬆緊帶另一端穿到另一側的帽帶中。

17 量一下寶寶的頭圍，適當地調節鬆緊帶的位置，用珠針固定好。

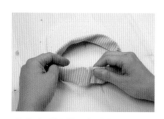

18 把鬆緊帶頭部與帽帶部分回針縫在一起。

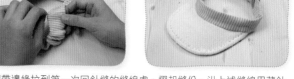

19 向相反的方向拉有褶皺的部分，把帽帶邊緣拉到第一次回針縫的縫線處，摺起縫份，沿上述縫線用藏針將其縫好。

做小魚，收尾

20 把一塊單面毛巾布正面對疊，依圖樣畫出小魚輪廓。

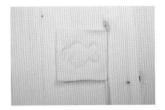

21 沿輪廓線採回針縫。

22 留出縫份裁剪後，在轉角與曲線處剪出牙口。

23 在小魚一側肚子上剪開一條豎口，作為翻口將小魚翻面。

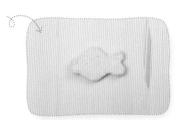

24 用藍色繡線在小魚嘴部穿一針，讓小魚的嘴巴更為生動自然。

25 用藍色繡線點繡出小魚的眼睛。

26 填充棉花，用藏針縫合翻口。

27 把做好的小魚固定到帽子上，遮陽帽製作完成。

26

圓滾滾的
絨球帽

手冷冰冰，冰！腳冷冰冰，冰！！！
都是因為冬天的風~~~♫♫

26 圓滾滾的絨球帽

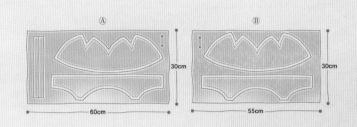

預計花費時間：3小時　★
作品尺寸：6個月~3、4歲　★

準備材料　Ⓐ有機絲絨布30×60cm，Ⓑ有機抓毛布30×55cm，繡線若干，有機棉毛線。

實物圖樣｜大實物圖樣5-26

製作帽子

01 在表布和裡布上分別畫出帽子上片和下片的輪廓。

02 留縫份裁剪，從裡布上取兩條寬2cm、長25cm的帶子，用來製作帽帶。

03 用珠針固定帽子上片省道線。

04 回針縫合省道線。

05 分別連接表布上下片、裡布上下片。在連接裡布上下片時，要留10cm的翻口。

06 把帽子表布對疊後用回針縫，再將裡布對疊後回針縫，做出帽子的樣子。

07 把裁好的帽帶摺成一個細長條，用珠針固定後回針縫。

08 把縫線調到正中間後，回針縫合帽帶一端的邊緣。

09 因為帽帶狹長，所以要用鉗子翻面。

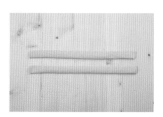

10 準備兩根帽帶。

11 用珠針把帽帶固定在表布上。

12 沿邊緣把表布與裡布正面對疊，用珠針固定好。

13 回針縫合所有的邊緣部分。

14 從裡布上的翻口處翻面。

15 用藏針縫合翻口。

16 在帽子邊緣向內7mm處用黃色繡線回針繡縫。

製作絨球，收尾

17 把有機棉毛線纏在8cm寬的硬紙片上。

18 纏繞到一定程度後，把硬紙片抽出來，用同樣的毛線綁好中間部分後打結。

19 用剪刀剪開兩端的毛線，做出一個圓圓的絨球。

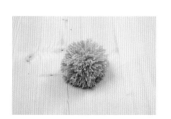

20 讓一根根毛線自然分散開來，絨球即製作完成。

21 把做好的絨球固定在帽子上。

22 圓滾滾的絨球帽製作完成。

27

溫和的睡伴
微笑熊

三隻小熊住一家，熊爸爸，熊媽媽，小熊～～～～
熊爸爸和熊媽媽適合當睡覺時用的抱枕，
小熊則適合當寶寶手上的玩具。

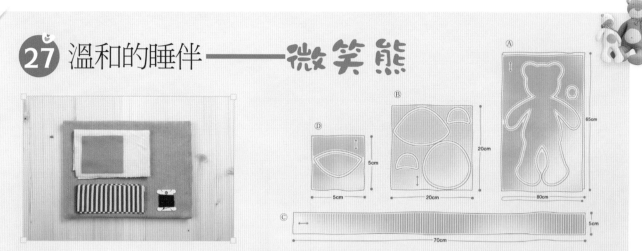

27 溫和的睡伴——微笑熊

預計花費時間：4小時　★
作品尺寸：身高約55cm　★

準備材料　Ⓐ單面有機毛巾布65×80cm，Ⓑ單面有機毛巾布20×20cm，Ⓒ寬5cm、長約70cm的有機彩條布，Ⓓ淺褐色雙面平紋布5×5cm，繡線若干，棉花400g左右。

實物圖樣│大寶物圖樣5-27

製作小熊

01 把兩塊單色毛巾布正面對疊，依圖樣畫出小熊的輪廓。

02 留出翻口，沿輪廓線採用回針縫。

03 留縫份裁剪。

04 在曲線處剪出淺淺的牙口，從翻口處翻面。

伸縮性較好的布封上牙口不能剪得太深。

05 鋪上圖樣，用水消筆畫出臉與耳朵的分界線。

06 沿分界線平針縫，縫出耳朵的樣子。

07 為了做耳朵貼布，先在小熊正面臉上用水消筆畫出耳朵的輪廓。

08 在小布塊正面畫出耳朵，留出5mm縫份裁剪。

09 把剪好的耳朵放在輪廓線處，用珠針固定。

10 沿耳朵邊緣藏針縫，耳朵貼布完成。

11 從翻口處填充棉花，填充完畢後，用珠針固定翻口。

12 嘴巴部分要貼布縫，所以要先在小布塊的正面畫出小熊嘴巴部分的輪廓。

13 留5mm的縫份，把嘴巴部分貼布裁剪下來，用珠針固定到小熊嘴巴的位置上。

14 沿臉部的嘴巴輪廓線藏針縫上嘴巴部分貼布。嘴巴部分的貼布完成。

15 用雙面平紋布料在鼻子部分作貼布處理。

16 用小布塊在小熊肚子部分作貼布處理。

17 用緞紋繡法繡出眼睛，用回針繡法繡出嘴巴。

18 藏針縫合小熊身體上的翻口。

19 把兩個小布塊對疊在一起，用水消筆在上面畫出小熊尾巴的輪廓。

20 留下翻口，回針縫後，留縫份裁剪。

21 翻面，填充棉花，摺起翻口處的縫份，用毛邊法縫合翻口。

22 把尾巴假縫在小熊襠部縫線向上約10cm處。

23 剪一條長70cm、寬3cm的布條，繞在小熊脖子上，打一個漂亮的結。

24 微笑熊做好了。

注意
事項

做大小不同的熊

可根據上文步驟，適當地增大或縮小尺寸。
玩具熊的大小不同，給人的感覺也會有差
異。
所以透過我們的不斷嘗試，它一定會成為家
裡人見人愛的「大明星」。

28

可愛的鬈毛
小羊兄弟

寶寶開始蹣跚學步了。

他對所有會活動的東西充滿好奇。

與骨骨碌碌滾動的小羊兄弟同行，一定是他這個時期的一大樂事。

把幸福種在心裡的
解憂娃娃

外表平和的解憂娃娃對我始終如一。
不管是想哭、想發脾氣時,還是心情愉快時,
身邊總有這位朋友靜靜地陪伴我,這感覺真好。

28 可愛的鬈毛——小羊兄弟

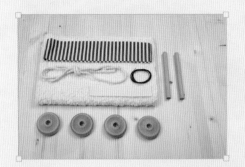

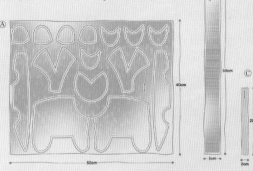

預計花費時間：5小時　★
作品尺寸：長約25cm、高約20cm　★

準備材料　Ⓐ有機絲絨布40×50cm，Ⓑ寬5cm、長50cm的有機彩條平紋布，Ⓒ雙面有機平紋布20×2cm，繡線若干，棉線，輪子組合，棉花200g左右，木工用膠水。

製作小羊

01 依圖樣，在布滿小泡泡的布料（Ⓐ）反面先畫出一個輪廓，要從最大的輪廓畫起，在大輪廓的周圍畫上小的輪廓，請左右對稱畫出所有的輪廓。

02 均勻地留縫份，裁剪後，把耳朵部分的布片正面與反面對疊，用珠針固定好。

03 耳朵用回針法縫合後翻面，在耳根向上1/3處把耳朵兩側對摺起來，用珠針固定。

04 在耳朵被對摺的情況下毛邊縫合翻口，2個耳朵製作完成。

05 把做好的耳朵插在小羊頭部省道線（請參考實物圖樣）處，用珠針固定。

06 回針縫合頭部的省道線。

07 把縫好耳朵的兩個頭部布片正面對疊，用珠針固定好，以回針縫頭部的上方和下方部分。

08 羊臉部是小泡泡布的反面，所以要把小羊臉部布片反面對疊，用珠針固定。

09 回針縫羊臉上的省道線。

10 把臉部與頭部正面對疊後用珠針固定好。

11 沿固定線回針縫。

12 把小羊的頭部翻面。

13 剪一段寬2cm、長20cm的布條，把它對摺成一個更細的長條，用珠針固定後回針縫。

14 用鉗子將尾巴部分翻面。

15 尾巴製作完成。

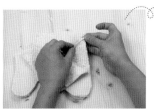

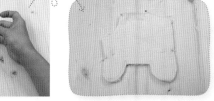

16 把身體部位的兩個布片正面對疊，把尾巴插到身體布片中間，用珠針固定。

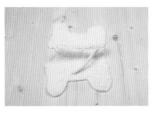

17 回針縫合小羊身體部分的肩線。

18 把羊肚子部分的兩個布片對疊在一起，用珠針固定後，留出翻口，回針縫合兩個布片。

19 在羊肚子部分，用珠針固定小羊的四隻腳後，用回針縫。

20 把身體與肚子部分正面對疊，用珠針固定。

21 把除了頸圍線外的其餘部分全部用回針法縫合。

22 準備一根棉線，把兩端挽起，把它用毛邊縫法縫在小羊身體前方中心處。

23 把身體部分與頭部正面對疊，用珠針固定好。

24 繞頸圍線回針縫。

25 自肚子翻口處翻面。

26 填充棉花，要填得結實一些。要固定輪子的小羊腳尖處最好不要填充棉花。

27 用長針點繡出眼睛，用一針走出小羊的嘴巴。如果沒有長針，應該在做好頭部後，再繡出眼睛和嘴巴。

28 藏針縫合翻口。

29 把輪子用膠水固定好。

30 把輪軸放在小羊的腳尖上。

31 抓住腳尖部分,用腳尖將輪軸裹起來,並用毛邊或藏針法把它固定好。

32 取一段寬5cm、長50cm的布,把它對摺成一條更細的長條,回針縫後翻面。

33 把圍巾圍在小羊脖子上,有輪子的小羊兄弟製作完成。

29 把幸福種在心裡的解憂娃娃

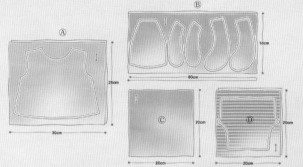

預計花費時間：悠閒一點，兩天 ★

作品尺寸：高約30cm ★

準備材料 Ⓐ有機平紋布25×30cm，Ⓑ身體部分經編針織物80×18cm，Ⓒ臉部經編針織物20×20cm，Ⓓ有機彩條平紋布20×20cm，眼、嘴繡線若干，鬆緊帶1碼，經編專用毛線，衣服裝飾用繡線若干，有機棉毛線30g左右，棉花約300g。

實物圖樣｜大實物圖樣5-29

製作娃娃臉部

01 剪一塊20×20cm的經編針織物Ⓒ，豎向對疊，用珠針固定好。

02 回針縫合兩條豎邊。

03 平針縫一端的邊緣後拉起縫線，讓所有的針腳摺在一起。

04 用結實的繩子紮好。

05 翻面，填充棉花，棉花要填充結實，頭部的樣子要圓潤，而且棉花一次就全部填好。

06 填充後，頭圍應約為25cm。

07 脖子部分也填上適量的棉花，用結實的繩子綁起來。

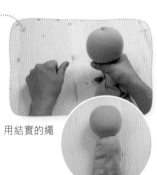

08 頭部做好後，把剩餘的下方邊緣部分縫份摺起來，用毛邊縫法縫合工整。

 09 圓圓的小腦袋做好了。

製作娃娃身體

10 把用來製作身體的經編針織物（Ⓑ）正面對疊，依圖樣在上面畫出兩條胳膊、兩條腿、一個身體的輪廓。

11 沿輪廓線回針縫，在翻口兩側應用回針多縫一次，每側約多縫1cm。

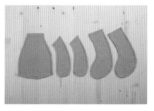

12 均勻地留縫份，裁剪。翻口處縫份留足1cm。

13 用鉗子為身體、胳膊、腿翻面。

14 往身體、胳膊、腿裡面填充棉花，要填充結實。

15 把胳膊和腿部分的縫份摺起，毛邊縫合翻口。

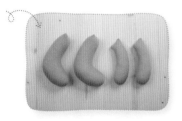 

16 把填充好的身體部分邊緣的縫份摺起來，包邊縫。

17 把做好的頭部插到身體，拉住包邊縫時的縫線，把頭部固定在身體上。

18 藏針縫身體和頭部的連接處，線跡要漂亮、工整。

19 用珠針把胳膊固定在脖子下方1cm的相對位置上。

20 在胳膊上、下方用藏針縫，把胳膊與身體連接起來。

21 用珠針把腿固定到身體下方的縫線處，在腿的前、後方藏針縫，把腿與身體連接起來。

製作娃娃的眼睛和頭髮

22 用水消筆畫出髮線、眼睛和嘴。

23 用6股繡線繡眼睛和嘴巴，所有的線結都打到頭髮處。

24 在後邊頭頂上畫一個3~4cm的圓。

25 穿針，向頭頂上的圓內走一針。

26 向臉前部髮線處走一針，針腳要大。

27 再次向頭頂處走一針，繼續重複以上步驟。

28 以頭頂的圓為中心，稀疏地向外走針一圈，在頭部植髮。

29 繼續植髮，直到看不見頭皮為止。

30 根據自己想要的頭髮長度，用相對長度的線，向頭皮處穿針。

31 打結，以防止線來回移動或脫線。

32 繼續植髮、打結，直到對頭髮的髮量感到滿意為止。

33 用同色的線把頭髮紮起來，用剪刀修剪髮梢。

34 用同樣的方法做另一側的頭髮，並將其捆綁漂亮。

製作內搭褲

35 在彩條平紋布（Ⓓ）上畫出褲片的輪廓。

36 除了要穿鬆緊帶的腰線處外需留1cm的縫份外，其餘部分均留出基本縫份，剪掉多餘的部分。

37 把裁好的兩個褲片正面對疊，用珠針固定好。

38 把前後立襠回針縫合好。

39 把前後立襠線對疊，用珠針固定前後下襠線。

40 回針縫合前後下襠線。

41 把褲口部分的縫份摺起來並用平針縫。

42 把腰線部分的縫份摺起來，用珠針固定好。

43 留出穿鬆緊帶的翻口，回針縫合其餘部分。

44 穿鬆緊帶。

45 鬆緊帶內搭褲完成。

製作無袖洋裝

46 在單面平紋布（Ⓐ）上依圖樣畫出洋裝的前片和後片。

47 留出縫份裁剪，因為要穿鬆緊帶，所以頸圍線、袖攏線、下襬處要留出1cm的縫份。

48 把前後片正面對疊，用珠針固定好肩線。

49 回針縫合肩線。

50 用珠針固定側線。

51 回針縫合側線。

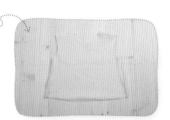

52 摺起袖攏部分的縫份，回針縫。縫合時，要記得留一個穿鬆緊帶的小口。

53 袖攏、頸圍、下襬處都要留出翻口用回針縫上。

54 用水消筆在裙子前片上畫出一隻瓢蟲的輪廓，以方便繡飾。

55 用粉紅色的繡線回針繡出瓢蟲的翅膀和身體，用輪廓繡法繡出觸角。

56 用點繡法繡出瓢蟲身上的點點。

57 在頸圍線、袖攏線、下襬處穿上鬆緊帶。

58 無袖洋裝製作完成。

59 為娃娃穿上內搭褲和洋裝，漂亮的解憂娃娃做好了。

聽說過「解憂娃娃」的故事嗎？

「解憂娃娃」的故事源自於瓜地馬拉高山地帶的印第安人。有一個小朋友，他擔心的事情特別多，以至於不能安睡。他的情況讓愛他的爺爺心裡很不是滋味。有一天，爺爺從角落裡拿出一個小小的娃娃對他說：「孩子，把你所有的擔心與煩惱都說給這個娃娃聽吧！如果睡覺時把它放在枕頭下，在你睡著的時候她會替你擔心你的擔心，替你煩惱你的煩惱。現在，把所有的一切都交給這個娃娃。親愛的，你可以進入甜美的夢鄉了～～～」之後，聽說那個小朋友可以安然入睡。媽媽們，抽點時間，也給寶寶一個讓他放下所有煩惱而且可以安然入睡的夥伴吧！

30

墜入乳酪中的

小老鼠

摸、握、抓，寶寶是用手思考的。
不要錯過寶寶的每一個動作哦！

30 墜入乳酪中的 小老鼠

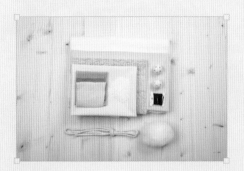

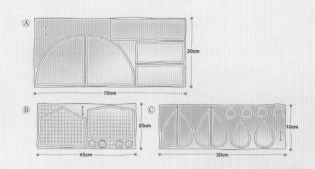

預計花費時間：6小時　★
作品尺寸：乳酪長約30cm、老鼠約8cm　★

準備材料　Ⓐ有機絲絨布70×30cm，Ⓑ有機格子布20×45cm，多種顏色的有機絲絨小布塊5×2cm，Ⓒ長毛絨棉布10×30cm，鋪棉1/3碼，棉花400g，棉線，繡線若干，珍珠棉，搖鈴。

實物圖樣│大實物圖樣5-30

製作乳酪

01 依圖樣，在絲絨布反面畫出乳酪上、下2個布片，以及乳酪中間部分的3個布片輪廓。

02 適當地留縫份，裁剪。

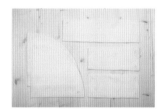

03 依圖樣，在鋪棉上也畫出乳酪上、下2個布片，以及乳酪中間部分的3個布片輪廓，適當地留縫份，裁剪。

04 把裁剪好的鋪棉鋪放到相對的布片上，用珠針固定好。

05 把乳酪中間部分的3個布片連接在一起，連接時，把直角上方的豎線留作翻口。

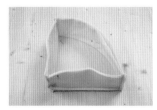

06 回針連接乳酪中間布片與下片、中間布片之間。

07 把乳酪上片也連接上去。

08 自翻口處翻面。

09 往乳酪裡面填充棉花,要填得柔軟。

10 把1m的棉線摺分成兩段,把頭部打結捆綁起來。

11 藏針縫合翻口,縫合時,把棉線的一端穿入翻口靠近下片處。

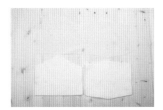

12 在格子布和鋪棉上畫出乳酪洞的輪廓,留縫份,裁剪。

13 把鋪棉與相對的布片對疊在一起,用珠針固定。

14 把兩部分正面對疊,回針縫合兩側的豎線,做成中空的樣子。

15 在做好的乳酪塊上依圖樣畫出小洞的輪廓。

16 在小洞輪廓周圍留出縫份,用剪刀剪出圓形的開口。

17 把乳酪洞塞入乳酪中。

18 把洞部分的縫份向外翻摺到乳酪上,用珠針固定。

19 沿洞邊緣藏針縫。

20 做出兩個洞後的樣子。

21 也可以用貼布法做出小的乳酪洞。

22 乳酪製作完成。

製作
小老鼠

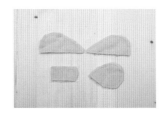

23 在長毛絨棉布上畫出小老鼠身體上部的兩個布片,以及身體下部一個布片的輪廓,沿輪廓線剪掉多餘的部分。把格子布與長毛絨棉布疊在一起,在上面畫出老鼠耳朵的輪廓。

24 把剪好的身體上部布片正面對疊,用珠針固定。

25 回針縫合身體上部布片。

26 用珠針把身體上、下部分的布片固定在一起後，留下翻口，回針縫。

27 自翻口處翻面。

28 往小老鼠肚子中裝入搖鈴、珍珠棉或棉花，用珠針固定後，用點繡法繡小老鼠眼睛。

29 藏針縫翻口，把小老鼠固定在乳酪角落的線上。

30 沿輪廓線回針縫合小老鼠的耳朵，留縫份後剪下多餘部分，因為耳朵很小，所以留5mm的縫份就夠了。

31 從翻口處翻面。

32 藏針縫合翻口，小老鼠耳朵製作完成。

33 用珠針把耳朵固定到小老鼠身上。

34 藏針縫耳朵的前面與後面。

35 乳酪和老鼠玩具製作完成。

31

我家寶寶專屬的

連身衣

幫寶寶做的連身衣，

不僅穿脫容易，而且製作步驟簡單。

連身衣還有一樣最大的好處，就是在摟抱寶寶時，

上衣下緣不會被撩起，當然更不會漏出小肚皮。

31 我家寶寶專屬的 連身衣

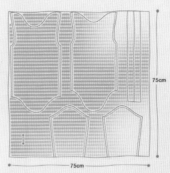

75cm

75cm

預計花費時間：3小時　★
作品尺寸：80cm　★

準備材料　有機彩條平紋布75×75cm，塑膠暗釦2粒。

寶物圖樣 | 大寶物圖樣5-31

製作連身衣

01 以實物圖樣中線為中心，在布料上畫出完整的前片、後片，以及袖片的輪廓。

02 因頸圍、袖口、臀部要作滾邊處理，所以裁剪時，這幾個地方不留縫份，其餘均需留縫份。

裁剪滾邊條時，應沿布的斜向裁剪。

03 剪一段寬3.5cm、長30cm的滾邊條，用珠針把它固定在布片正面頸圍線的邊緣。

04 在邊緣向內7mm處回針縫。

05 把滾邊條摺向布片反面，用藏針法滾邊。

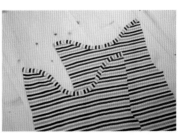

06 前、後衣片的頸圍線處都作滾邊處理。

07 把身體的前、後片正面對疊，用珠針固定側線後回針縫。前、後衣片的側線長度不一樣，這是特地為那些大肚子寶寶設計的。所以縫合時，要用手輕拉後片側線，讓前後側線長度一致。

08 袖口部分作滾邊處理。（用的是緯向滾邊條，對胖呼呼的寶寶來說，袖筒可能會比較窄。這種情況下，可以不滾邊，而是留出縫份裁剪後，把袖口處縫份摺起用平針縫即可。）

09 把袖子對疊起來，回針縫。

使袖子與身體部分的袖縫同長一致。

10 用珠針把滾邊條固定在後片頸圍線處，滾邊時，分別向肩膀處多滾10cm。

11 用珠針把袖子固定到袖窿處。

12 回針縫合袖窿線。

13 把臀部作滾邊處理後釘上暗釦。

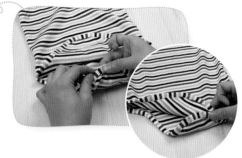

14 連身衣製作完成。

Part 6

我們的
有機家庭

32

一旦擁有，別無他求

有機抹布

用厚實的有機毛巾布，做一張最常用的抹布。

32 一旦擁有，別無他求 —— 有機抹布

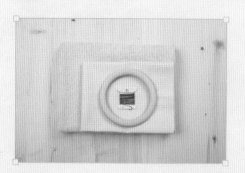
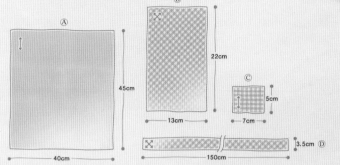

預計花費時間：2小時 ★
作品尺寸：長55cm ★

準備材料　Ⓐ有機毛巾布40×45cm，Ⓑ有機格子布22×13cm左右，Ⓒ格子布塊7×5cm，繡線若干，原木圈，Ⓓ寬3.5cm、長約150cm的有機滾邊條。

實物圖樣│大實物圖樣6-32

製作抹布

不必留縫份，把四個向中兩個範圍。

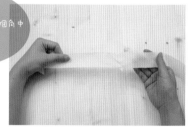

01 剪一塊長40cm、寬45cm的雙面毛巾布。

02 把滾邊條連接起來，備好一段寬3.5cm、長約145cm的滾邊條。

03 把滾邊條與雙面毛巾布邊緣正面對疊，用珠針固定。

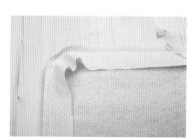

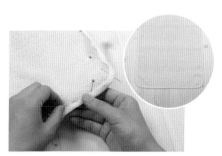

04 在邊緣向內7mm處回針縫。

05 把滾邊條摺向反面，用珠針固定。

06 留下一條40cm的邊，其餘部分全部作滾邊處理。

07 用2cm左右的針腳疏縫沒有滾邊的一邊。

08 拉線，弄出褶皺，把邊長調到11cm左右。

09 不留縫份，剪一塊橫13cm、寬22cm的格子布。用珠針把它固定到平針疏縫過的一邊邊緣，用回針縫。

10 沿縫線把格子布摺到另一面。

11 摺起縫份，用珠針固定。

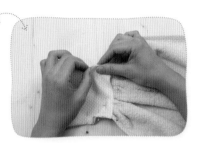

12 沿摺起部分的邊緣藏針縫。（可以把這看作每邊寬度為10cm的滾邊。）

13 在寬滾邊裡穿入原木圈。

14 沿邊緣藏針縫，固定好原木圈。

15 從格子布上剪下一艘船的樣子，把它用珠針固定到毛巾的相對位置上。

16 沿船的邊緣線藏針貼花。

17 用水消筆畫出要繡花處的輪廓。

18 根據圖案，繡出大海、帆與大雁。可以全部用輪廓繡法繡。

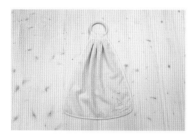

19 有機抹布製作完成。

有機洗臉毛巾

也可以自己做洗臉毛巾。
若還有空，在毛巾布上稍作裝飾
即可，一條自家特有的洗臉毛
巾就做好了。

親膚體貼的
夏涼被

最棒的親膚體貼寶寶被。

33 親膚體貼的 夏涼被

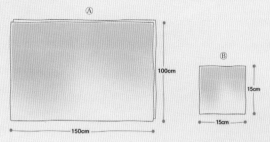

預計花費時間：4小時　★
作品尺寸：150×100cm　★

準備材料　Ⓐ150×100cm有機單面毛巾布兩塊，Ⓑ有機單面毛巾布塊15×15cm，有機彩條平紋布塊兩塊，繡線若干。

實物圖樣 | 大實物圖樣6-33

製作被子

01 取兩種單面毛巾布，分別留出縫份，裁出兩塊橫長150cm、豎寬100cm的布片。

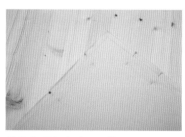

02 把兩個布片正面對疊，用珠針固定。

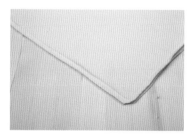

03 留15~20cm長的翻口，回針縫合其餘部分。

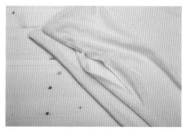

04 自翻口處翻面。

05 藏針縫合被子翻口。

06 用朱黃色的繡線沿邊緣向內7mm處平針繡縫一圈。

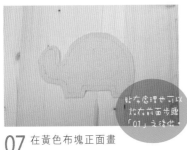

貼布處理也可以
放在前面步驟
「01」之後做。

07 在黃色布塊正面畫出大象的輪廓。

08 用水消筆在背景布上畫出大象的輪廓。

09 用珠針固定大象。

10 沿輪廓線藏針縫大象貼布。

11 把小布塊正面對疊，在上面畫出大象耳朵的輪廓。

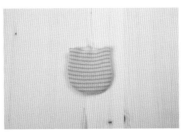

12 沿輪廓線回針縫。

13 從翻口處翻面。

14 摺起縫份，藏針縫翻口。

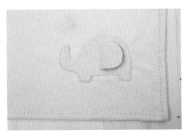

15 用珠針把做好的耳朵固定在大象耳朵處並用藏針縫。

16 點繡繡出大象的眼睛。

17 用緞紋繡出大象頭頂的心形圖案。

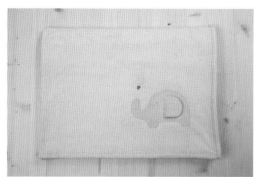

18 清爽的夏涼被製作完成。

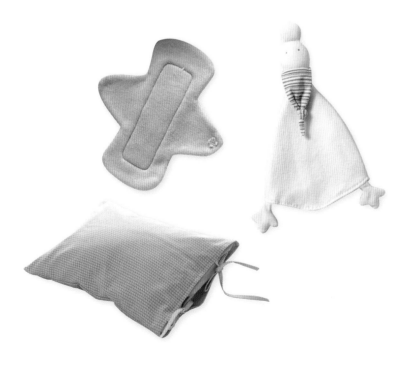

34

配色格子
有機枕頭套

人一生有1/3的時間要在睡夢中度過，
那麼，是否有必要用健康的布料
做個讓我們健康長壽的枕頭呢？

35

一見鍾情的
膝蓋毯

手感溫暖柔軟的
有機棉布上
一圈漂亮的鉤邊，
讓它的魅力光芒四射。

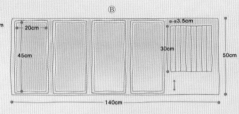

34 配色格子 有機枕頭套

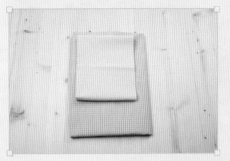

預計花費時間：2小時 ★
作品尺寸：60×40cm左右 ★

準備材料 Ⓐ70×100cm有機格子布一塊，Ⓑ有機毛葛布140×50cm一塊。

製作被子

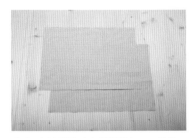

01 在枕頭尺寸上橫豎各加5cm餘份，從格子布上裁下兩塊橫長65cm、豎寬45cm的布片。

02 從毛葛布上裁下四個橫長20cm、豎寬45cm的布片。

03 不留縫份，裁一段寬3.5cm、長30cm的布條，用來做枕頭套帶子。

04 把帶子兩側縫份摺起，用珠針固定。

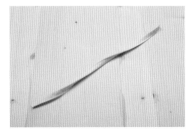

05 沿帶子邊緣回針縫。

06 共做出8條帶子。

07 把格子布與毛葛布正面對疊，用珠針固定好。在邊緣向內15cm處插入帶子。

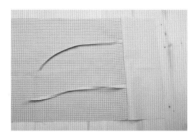

08 沿輪廓線回針縫。

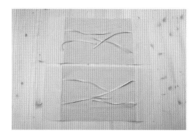

09 用同樣的方法，把格子布另一端也與毛葛布連接起來，枕頭前片與後片都依照上述步驟處理。

10 把前後兩片正面對疊，用珠針固定好橫線部分後回針縫。

11 把兩端入口部分邊緣向外翻摺兩次，用珠針固定。

12 回針縫入口部分邊緣。

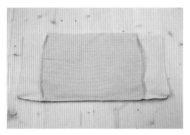

13 把兩端的入口部分邊緣全部用回針縫上。

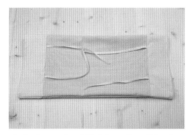

14 翻面，把毛葛布摺入枕頭套裡邊，沿縫帶子的豎線向內7mm處再次用回針縫。

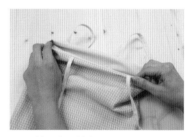

15 枕頭套兩側邊緣被摺入枕頭套裡邊後的樣子。

16 把帶子綁成漂亮的蝴蝶結模樣，枕頭套製作完成。

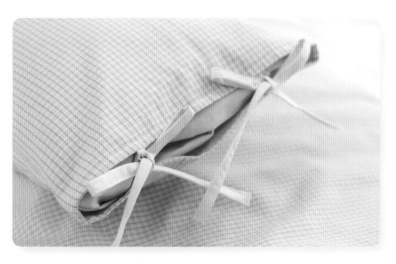

35 一見鍾情的膝蓋毯

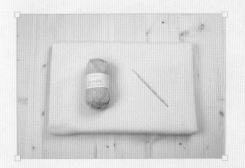

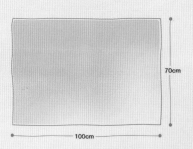

70cm

100cm

預計花費時間：6小時 ★
作品尺寸：70×100cm左右 ★

準備材料　有機抓毛布70×100cm，有機棉毛線25g，鉤針。

製作毯子

01 裁一塊70×100cm的有機抓毛布，在沿其邊緣向內7mm處用水消筆畫出輪廓線。

02 在畫好的輪廓線上每1~1.5cm處畫一個點。

03 在有點點標誌的地方，插入最細的鉤針，穿洞鉤線。

鉤針插的深，洞才會大，鉤線也會比較容易。

04 採用短針鉤法。把圖中辮線的洞眼想像成布料，就不難理解短針鉤法了。

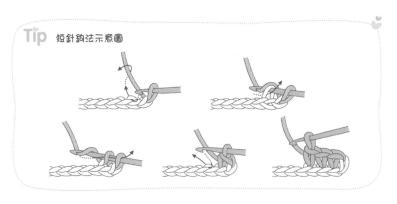

Tip 短針鉤法示意圖

05 短針鉤時，一個洞可以鉤三次。

06 在同一洞處，短針鉤三次。重複前面步驟。

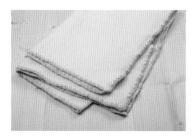

07 四個邊全部用短針鉤後，膝蓋毯製作完成。

36

我家的「家服」
有機睡褲

爸爸、媽媽、弟弟和我，我家所有的人，
都做了一套這樣的條紋睡衣褲。

37

我家的健康守護神——

鵝寶寶

經痛時，寶寶拉肚子時，
我有溫暖的櫻桃籽幫你溫暖、舒緩。

36 我家的「家服」——有機睡褲

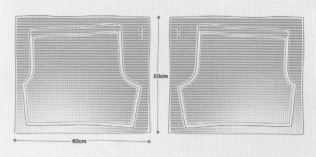

50cm

60cm

預計花費時間：2小時 ★
作品尺寸：3、4歲~6、7歲 ★

準備材料　50×60cm有機彩條平紋布兩塊，鬆緊帶1.5cm。

實物圖樣｜大實物圖樣6-36

製作睡褲

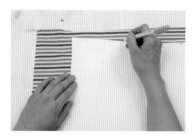

01 鋪上圖樣，畫出兩張布片的輪廓。穿鬆緊帶的腰部邊緣要留3cm的縫份。

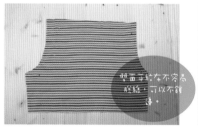

02 把兩個布片正面對疊，用珠針固定前後立襠。

03 回針縫合前後立襠。

04 把前後立襠對疊在一起，用珠針固定下襠線。

05 回針縫合前後下襠線。

06 把腰線部分的縫份摺起來，用珠針固定，留出穿鬆緊帶的小孔，回針縫合其餘部分。

07 用穿線針從翻口處穿鬆緊帶。

08 把短褲褲管處的縫份摺起來，用回針或平針縫合。

09 睡褲製作完成。

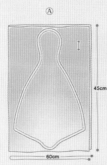
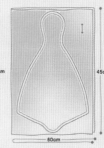
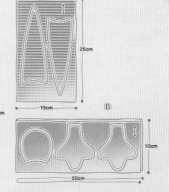

37 我家的健康守護神—鵝寶寶

預計花費時間：6小時　★
作品尺寸：總長約45cm　★

準備材料　Ⓐ45×30cm有機抓毛布兩塊，Ⓑ有機絲絨布10×50cm，Ⓒ45×60cm有機毛葛布兩塊，Ⓓ有機彩條平紋布25×15cm，繡線1種，塑膠暗釦，珍珠棉若干，45×60cm裡布兩塊，櫻桃籽300g左右。

實物圖樣 | 大實物圖樣6-36

製作睡褲

01 在有機抓毛布上畫出鵝寶寶身體的前後片輪廓。

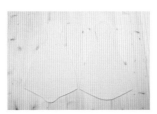

02 均勻地留出縫份，剪掉多餘部分。

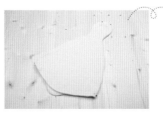

03 將身體前後片正面對疊，回針縫合除入口部分以外的其餘部分。

04 在曲線處剪出牙口，翻面。

05 在裡布上分別畫出鵝寶寶身體的前後片輪廓。

06 均勻地留出縫份，剪掉多餘部分。

07 把身體前後片正面對疊，回針縫合除了入口部分之外的其餘部分。

08 把黃色的絲絨布料正面對疊，在上面畫出嘴巴和腳的輪廓。

09 均勻地留出縫份，剪掉多餘部分。

10 用鉗子為嘴巴和腳翻面。

11 往鵝的嘴巴裡填充棉花。

12 摺起縫份，毛邊縫合翻口。

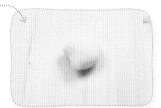

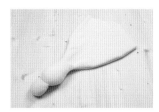

13 用珍珠棉填充腳部，填滿腳部的2/3即可。

14 不用摺縫份，毛邊縫合翻口。

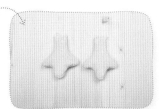

15 往鵝寶寶頭部填充棉花，要填得柔軟。

16 用珠針把鵝寶寶的嘴巴固定在頭部。

17 在嘴巴前後分別用藏針縫合。

18 點繡繡出眼睛。

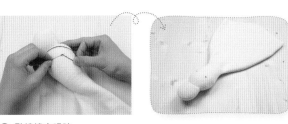

19 用珠針把腳固定在身體入口處邊緣兩端。

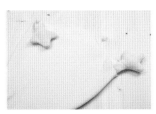

20 用貼布法把腳縫到身體上。

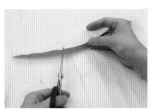

21 在裡布縫份曲線部分剪出牙口。

22 把身體部分的裡布與表布正面對疊在一起，用珠針固定好。

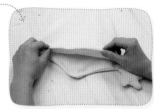

23 留出翻口,用回針縫合。

24 自翻口處翻面。

25 藏針縫合翻口。

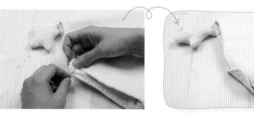

26 平針壓縫一下屁股的邊緣部分。

27 在尾巴處釘上暗釦。

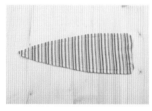

28 把彩條平紋布重疊起來,在上面畫出帽子的輪廓。

29 沿輪廓線回針縫,留出縫份,裁掉多餘部分。

30 用鉗子翻面後,藏針縫翻口。

31 用珠針把帽子固定在鵝寶寶頭上。

32 用藏針法把帽子縫到頭部,把帽子頂部紮起來。

33 用裡布縫出小袋子,裝入櫻桃籽,放到鵝寶寶身體裡。

34 把小袋子放到鵝寶寶身體裡，用暗釦固定。

35 溫暖的鵝寶寶製作完成。

注意
事項

櫻桃籽的故事

櫻桃原產於土耳其，現多生長於歐洲中南部。櫻桃籽袋的故事起源於德國黑林。人們發現，壁爐旁邊的櫻桃籽變乾了，籽中間的部分裂了一個小縫，被壁爐燻得熱乎乎的，所以就把變熱的櫻桃籽放到空瓶子裡，稱之為「溫暖乾燥瓶（trockene Wärmeflasche）」。被德國和瑞士當作是偏方沿用至今。

微波爐或烤箱裡加熱過的櫻桃籽袋對絞痛、不明原因的小兒腹瀉、痙攣、肌肉痛、產後痛等有很好的治療效果。在冰箱裡冷藏過的櫻桃籽袋則可用於平息發炎、跌打損傷、日曬熱傷，以及運動後的體熱現象。

38

想送給老朋友的禮物——
綠色棉布衛生棉

一個人用覺得可惜，總希望能有人可以一起分享。

一定要替我多多宣傳哦！畢竟，

這是在關照我們自身的健康，同時也是對地球健康的深切關照。

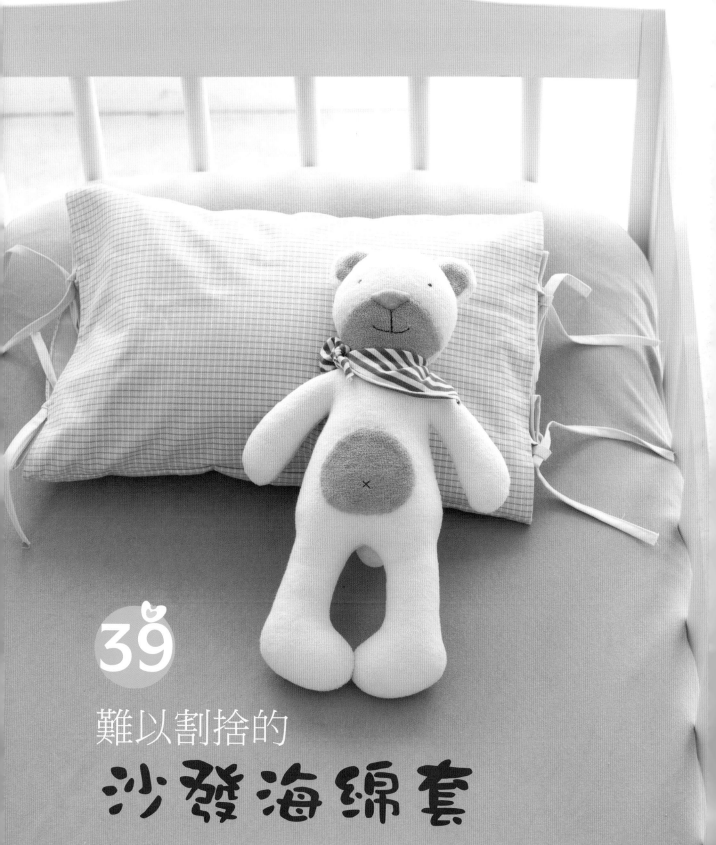

39

難以割捨的
沙發海綿套

柔軟獨特的海綿套！！

上面填滿了我家寶寶們打鬧嬉戲的歡笑。

這是不是也可以叫做「幸福」？

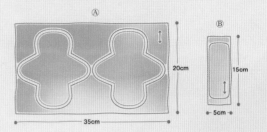

DVD: 09. 綠色棉布衛生棉

38 想送給老朋友的禮物——**綠色棉布衛生棉**

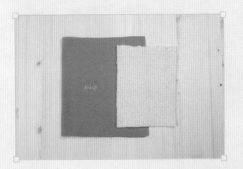

Ⓐ

20cm

35cm

Ⓑ

15cm

5cm

預計花費時間：2小時 ★
作品尺寸：參照內褲襯墊尺寸 15×17cm ★

準備材料　Ⓐ35×20cm有機雙面平紋布1塊，Ⓑ有機雙面毛巾布5×15cm，塑膠暗釦。

實物圖樣｜大實物圖樣6-38

製作衛生棉

01 依照圖樣，在雙面平紋布上畫出衛生棉的前後片輪廓，在雙面毛巾布上畫出一個吸收布的輪廓。

02 衛生棉布片留出7mm的縫份裁剪，吸收布不留縫份，直接裁剪。

03 把吸收布鋪放固定在裁好的衛生棉布片的反面，假縫。

04 把前後衛生棉布片正面相對疊，用珠針固定好。

05 留出翻口，沿輪廓線用回針縫合。

06 整齊地剪掉多餘的縫份，在轉角和曲線處剪出牙口，自翻口處翻面。

07 用藏針縫翻口。

08 把圖樣放在假縫過的衛生棉布片的正面，重新依圖樣畫出吸收布的輪廓。

09 沿輪廓線在整個衛生棉上用回針縫一圈，此時，針要同時穿過上下片與吸收布。

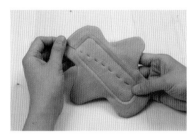

10 拆除假縫線。

11 在衛生棉下側兩翼適當的位置釘上暗釦，使兩翼頭部可以對疊。用水洗去水消筆的痕跡，布衛生棉製作完成。

 注意事項

關於衛生棉

一個女人，從月經初潮到停經這幾十年期間，有1/4的時間都要與月經打交道。

世面上出售的衛生棉吸收力很強。但我們不能忘記，它的超強吸收力是以無數種化學物質、無數道化學工藝為其基礎的。

因用了經化學處理的一次性衛生棉，很多女性朋友正承受著一些難以啟齒的痛苦，搔癢、白帶多、異味重……這諸多的問題，都可透過選用布衛生棉得到緩解或解決。

布衛生棉不具備一次性衛生棉超強吸收力，因此受到很多女性朋友的抵觸。其實，我們可以更加靈活地思考、解決問題。我們可以在經血量大的前一、兩天裡使用一次性衛生棉，而在剩餘的幾天使用布衛生棉，這應該也是一個兩全其美的好方法。

** 洗滌時，可以把衛生棉放在一個預先準備好有蓋子的桶子裡，在滴了醋或放了洗滌劑的水裡浸泡2~3天，然後再用溫水洗滌。之後，如果願意的話，還可以把它們放在水中煮或用滾燙的水來消毒，經過這些處理的布衛生棉，將會更加柔軟耐用。

39 難以割捨的 沙發海綿套

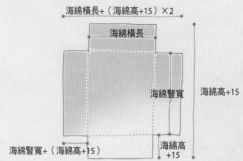

海綿橫長+（海綿高+15）×2

海綿橫長

海綿豎寬

海綿高+15

海綿豎寬+（海綿高+15）

海綿高+15

海綿高+15

預計花費時間：4小時　★
作品尺寸：根據海綿墊的尺寸而定　★

準備材料　根據海綿墊的大小準備適量的雙面有機平紋布、帶釦眼的鬆緊帶，木釦子1粒。

製作海綿套

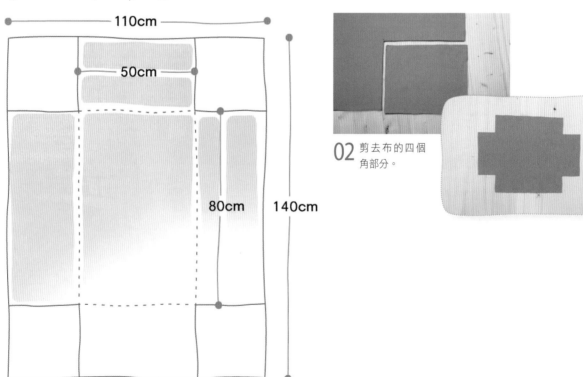

110cm

50cm

80cm

140cm

01 當海綿橫長50cm、豎寬80cm、高15cm時，需要準備一塊橫長110cm、豎寬140cm的布料。

02 剪去布的四個角部分。

03 把四角處互相垂直的兩條邊用回針縫合在一起。

04 把邊緣部分的縫份摺起來，並用珠針固定好，此時要留足2.5cm穿鬆緊帶所需要的空間。

05 留出穿鬆緊帶的開口，用回針縫其餘部分。

06 用穿線器穿鬆緊帶。

07 把鬆緊帶一端的縫份部分摺起來，釘上釦子。

08 為了防止脫線，把鬆緊帶另一端的邊緣部分摺疊兩次後用藏針縫起來。

09 套到海綿墊上，適當地拉鬆緊帶，把釦子扣到相對的釦眼裡。海綿套製作完成。

40

舒適實穿
四角內褲

舒適透氣的四角內褲，
是媽媽給寶貝最實用的禮物，
陪伴寶貝渡過每一天自在的居家生活。

40 舒適實穿——四角內褲

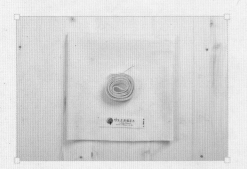

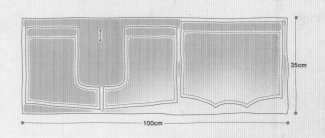

35cm

100cm

預計花費時間：2小時 ★
作品尺寸：3～7歲 ★

準備材料　有機緹花布100×35cm，鬆緊帶1碼。

實物圖樣｜大實物圖樣6-40

製作內褲

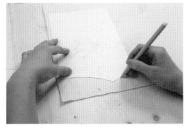

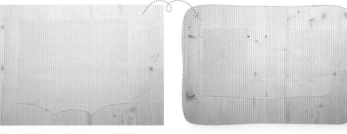

01 依照圖樣，以中線為中心，左右對稱地畫出內褲的兩個前片、一個後片輪廓。

02 根據實物圖樣要求，留出縫份。

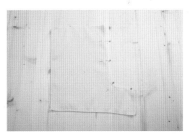

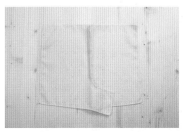

03 為布片周圍鎖邊。（可用家用縫紉機鎖邊，也可以拿到住家附近的裁縫店去鎖邊。）

04 把兩個前片正面對疊，用珠針固定前立檔線。

05 回針縫合前立檔線。

06 正面對疊前後片,用珠針固定側縫線。

07 回針縫合側縫線,縫合時,在下緣留出5cm的開口。

08 用珠針固定襠線。

09 回針縫合固定好的襠線。

10 把兩邊側縫的開口處縫份向裡摺起來,用珠針固定。

11 用倒回針法縫合側線下緣。

12 摺起腳口部分的縫份,用珠針固定。

13 用回針縫腳口。

14 摺起腰線,用珠針固定。摺起的寬度以能使鬆緊帶穿入為宜。

15 留出穿鬆緊帶的開口,回針縫合後穿入鬆緊帶。

16 在腰線處用回針縫一、兩圈,以防止鬆緊帶鬆動。

17 如果能縫上一個「媽媽製造」的標誌，這件衣服就是道道地地的「媽媽牌」了。

18 四角內褲製作完成。

41

自然率性的
背心&小內褲

成套的背心和小內褲，把寶貝襯托得更可愛。

41 自然率性的 背心&小內褲

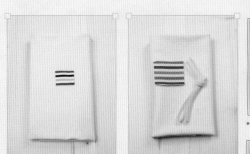

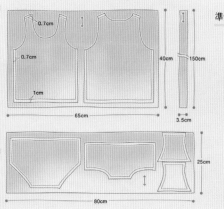

0.7cm
0.7cm
1cm
40cm
150cm
65cm
3.5cm
25cm
80cm

準備材料　背心（以100碼為宜）：65×40cm單面有機平紋布，單面平紋滾邊條15cm，彩條平紋若干　內褲（以110碼為宜）：25×80cm單面有機平紋布，鬆緊帶，小布塊若干。

預計花費時間：2小時　★
作品尺寸：2~6歲　★

實物圖樣｜大實物圖樣6-41

製作背心

01 依照圖樣，以中線為中心，畫出背心前後片的完整輪廓。

02 要滾邊的頸圍和袖襱線處不留縫份，直接裁剪。肩線與側線處留出7mm的基本縫份，下襬處留1cm的縫份，裁掉其餘部分。

03 把前後片正面對疊，用珠針固定側線。

04 用回針縫合側線。

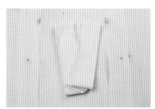

05 沿經向剪一長段滾邊條。

06 為袖襱線滾邊。

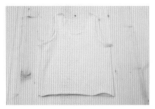

07 袖籠線滾邊完成。

08 用珠針固定一側肩線。

09 用回針縫固定好的肩線。

10 為頸圍線滾邊。

11 用珠針固定另一側肩線。

12 沿止縫線回針縫。

13 摺起下襬部分的縫份,用珠針固定好。

14 沿止縫線回針縫或倒回針縫。

15 剪一塊長2cm、寬4cm的彩條平紋布。

16 沿彩條平紋四邊摺起3mm的縫份,用珠針把它固定在背心前面。

17 平針縫固定好的平紋布邊緣。

18 自然率性的小背心製作完成。

製作小內褲

19 依圖樣畫出內褲的一個前片、一個後片的輪廓,另外再畫出兩張襯墊的輪廓。

20 適當地留縫份,剪掉多餘部分。

21 把兩片襯墊正面對疊,把內褲後片夾到襯墊中間,用珠針固定。

22 沿止縫線回針縫。

23 把襯墊部分向外翻開。

24 把前片也夾到兩片襯墊中間，用珠針固定好。

25 沿止縫線回針縫。

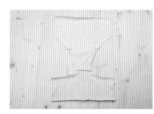

26 翻面。

27 對摺，使腰線平齊，正面相對，用珠針固定。

28 沿止縫線回針縫側縫。

29 在寶寶腰上比一下，準備長度適當的鬆緊帶，把鬆緊帶兩端連接起來。

30 摺起腰線部分的縫份，把鬆緊帶套進去。

31 回針縫腰線部分。

32 用相同的方法縫好腿根部的鬆緊帶。

33 剪一塊邊長3cm的彩條平紋布。

34 在平紋布中間部分用平針縫一條直線，拉線，把中間部分捆綁起來，做出一個小蝴蝶結。

35 把小蝴蝶結固定在小內褲的中間。

36 自然率性的小內褲製作完成。

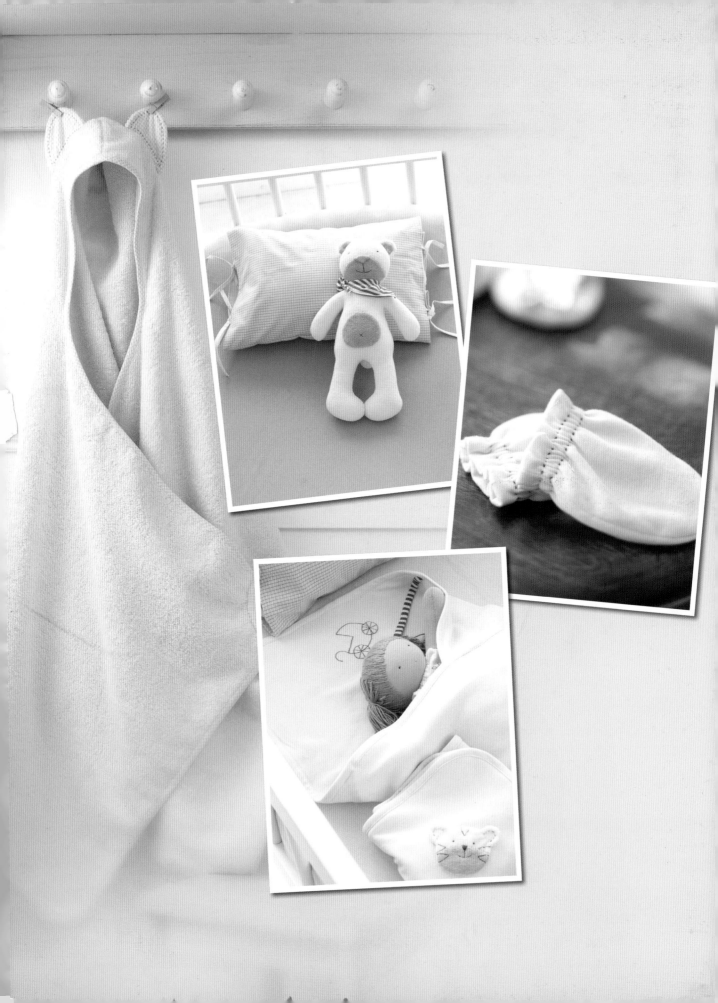